现代山地特色农业推广理论与实践

伍国勇 著

人民出版社

目　录

第一章　农业推广历程与理论基础

第一节　我国农业推广发展历程

我国农业推广的发展历程，主要分为三个阶段：古代的农业推广、晚清至民国时期的农业推广、中华人民共和国成立后的农业推广。

一、中国古代农业推广活动

我国古代农业推广最早的记载来源于后稷的民间传说。后稷被后世尊称为"农业始祖"，相传他自幼习农，并指导人们选种、改进农具、农耕、开渠灌溉等，《史记》《诗经》等都有后稷从事农业推广事业的记载。西汉农学家赵过通过推广"代田法"、推广牛耕、发明"三脚耧车"，改进了耕作方式，提高了农业生产效率。《政论》中评价说："教民耕殖，其法：三犁共一牛，一人将之，下种、挽耧皆取备焉。日种一顷。至今三辅犹赖其利。"明朝时期徐光启致力于农业研究，有《甘薯疏》《农遗杂疏》《农书草稿》等多部著作，而最为经典的当属《农政全书》。这本书基本上涵盖了中国古代汉族农业生产和人民生活的各个方面。清朝李煦经多年推广、种植实验，成功推广双季稻，并创设了一套较科学的从实验到推广的程序。

二、晚清至民国时期的农业推广

19 世纪晚清时期，我国开始从国外引进先进技术，设置新机关农局，后成立农工商总局，但随着维新运动失败而遭到撤销。19 世纪末，建立从大到小的高等、中等、初等农务学堂 90 余所，并创办农事实验场，将引进的品种试种栽培，效果良好。农业推广活动主要依靠农业学堂和农事实验场。1929 年，国民党拟定多项农业推广法规章程，并成立中央农业推广委员会，以专门负责农业建设，同时通过新创办或改组等方式增设了若干所高等农业学校，促进了我国农业教育事业的长足发展。抗日战争爆发后，国民党为适应战时需要，撤销了中国农业推广委员会，保留中央农业实验室，设农林司主管农政。

三、中华人民共和国成立后的农业推广

中华人民共和国成立之初，国家集中精力发展和推广农业，这个时期我国的农业技术推广为之后的发展提供了基础，使农村经济和生活及农村自治形式都发生了巨大变化（高启杰，2001），对于后来的农业经济的发展和推广也有很大程度的影响。

（一）推广体系的探索和形成阶段（1951—1960 年）

中国是一个农业大国，在中华人民共和国成立之初，国家高度重视农业发展，制定了一系列指导方针，并于 1954 年实施了《农业技术推广站工作条例》。制定了工作的计划和实施标准，并在 1995 年颁布了《关于农业技术推广站工作的指示》，加强工作的力度。

（二）推广体系缓慢推进阶段（1961—1977 年）

1961—1977 年是中国农业技术发展的缓慢推进时期。经济困难

迫使党中央又重视起农业发展和技术的推广，于1962年发布了《关于充实农业技术推广站加强技术推广工作的指示》，并让地方加强实施，推广体系得到了恢复和加强。"文化大革命"时期，很多推广机构被撤销，知识分子被下放到农村插队，在此时期逐步建立起"四级农科网"。

（三）晋升过程恢复其发展阶段（1978年至20世纪80年代末）

在这个阶段，我国的重点在于经济发展和建设，农户也开始实行家庭联产承包责任制，人民公社和"四级农科网"均被废除。之后，国家成立了农业技术推广总站，大力支持和发展农业，为国家发展奠定了良好的基础（高启杰，2013）。

（四）推广系统巩固推广阶段（20世纪90年代初到20世纪末）

这个阶段中国经济快速发展。2000年底，全国近24个省（自治区、直辖市）的人大常委会颁布了"农业技术推广法实施办法"，并且在全国推广。

（五）推进体制改革和创新阶段（21世纪）

进入21世纪，我国基本经济建设已经发展得很快了，但是农业技术的推广体系和社会主义市场经济发展的目标逐渐偏离，针对这样的情况，我国对农业技术进行了改革。在2003年，国家一号文件进一步加大了农业技术的推广改革，这项措施对于形成我国特色的农业发展道路有很大的帮助，也形成了自己的农业技术推广体系。农业部、财政部和科技部起草的《关于开展基层农技推广体系改革试点工作的意见》（李杰，2013）中，提出根据市场发展情况开展工作，建立区域站点，合并类似的推广机构，建立区域农业技术推广站点的建议取得了很大成果。

第二节　国外主要国家农业推广发展历程

一、意大利农业推广发展历程

19 世纪初，农业的观光旅游价值逐步显示出来。19 世纪 30 年代，农业旅游在欧洲出现，1865 年意大利"农业与旅游全国协会"的成立标志着休闲农业的产生。二战后，世界各国工业化迅速发展。城市人口高度集中、交通拥堵等问题，使人们倍感疲倦，而乡村环境所形成的森林、农场等资源恰好满足了人们对于放松身心的渴望。于是，意大利具有观光职能的农园开始大量浮现。农园内的活动以观光为主，结合食、游、住等多种方式，同时在这个体系中还浮现了大量的专职人员，标志着休闲农业打破了传统农业的约束，成为与旅游业相互结合的新型产业。20 世纪 50 年代，大农场和雇工以及小农业家是当时的主要农业组织形式，通过"流动讲学"小组来进行农业的推广与服务。1951 年通过欧盟的谈判，恢复了对小麦和食糖的贸易保护，使意大利的小农场受益匪浅。1952 年，INIPA 公司为当时意大利农业领域提供职能服务。1974 年，意大利设立了国家农业基金，目的是为了有效地控制农户面临的生产风险。1982 年意大利的农场总共有327 万家，规模小于 5 公顷的占比 76%。1986 年，AGER 公司的成立，促进意大利在协调和组织农业方面的社会、经济、统计、技术研究活动。1997 年，意大利规模小于 10 公顷的农场数量为 203 万家，远远大于德国、法国和英国。意大利政府从 2000 年开始实施"Leader+"计划，面向农户、农场及农业提供政策、法规、技术、气象等全方位的服务。2005 年，欧盟批准了首批面向欧盟内部的市场"农产品促进基金"项目，其中意大利共有 5 个。

在其发展历程中制定了多项发展计划：1991—1996 年度农业系统创新研究国家公关计划；1993—1998 年度意大利国家农业创新攻关计划；1996—1998 年度意大利国家植物生物技术研究计划；1998—2001年度意大利国家先进生物技术研究计划；2001—2004 年度生物农业国家研究计划；2005 年农林政策部制定并计划出台《国家农业研究计划指导方针》，这些措施使得意大利的农业不断进步。

二、韩国农业推广发展历程

韩国 1949 年实行土地改革，使土地回到了农民的手中，但长期以来的经营规模小的问题一直没有得到解决。1961 年"农协法"的颁布推动了国民经济的均衡发展。1967 年，韩国科技人员用粳型和籼型水稻成功培育出 IR667 稻种，开始了"绿色革命"。同时，20世纪 60 年代末，韩国的经济进入高速发展的时期，1969—1977 年间，韩国水稻产量猛增到 600 万吨，1975 年实现了大米自给的目标，1992 年每公顷大米产量为 6.3 吨，韩国政府于 1991 年在农林部设立农业发展企划团，1994 年又设立环境农业科，1997 年韩国政府颁布了《环境农业培育法》，明确环境农业概念、发展方向以及政府与民间的责任。1995 年以"中小农高品质农产品生产支援事业"形式开始支援实践环境农业的农民，随后于 1996 年 7 月提出《迈向 21 世纪的农林水产环境政策》，1997 年 3 月提出《环境农业地区造成事业促进计划》，1997 年 3 月提出《环境农业示范村造成事业促进计划》，2000 年制定了《亲环境农业培育 5 年计划（2001—2005）》，从不同的角度提出亲环境的农业发展计划落实措施，通过制度的规范与政策的鼓励，使产量从 20 万吨增加到 200 万吨，农药与化肥施用量减少了50%以上，这对韩国农业的推广有重大的历史意义。

第三节　农业推广的基础理论

一、创新扩散理论

（一）创新扩散的概念

国外的农业科技传播始于20世纪二三十年代，1943年，美国科学家瑞安和格罗斯进行了一项著名的研究。他们对杂交玉米进行推广调研，并在此基础上提出了创新方法，受到了社会的广泛关注，引发了大规模的扩散研究，包括劳达鲍格（N. Raudabaugh）的《推广教学方法》、凯尔赛（L. D. Kelsey）的《合作推广工作》（Cooperative Extension work）（1935）、孙达（H. C. Sanders）的《合作推广服务》（The Cooperative Extension Service）（1966）及20世纪60年代的代表作——"创新扩散"理论的代表人物E.罗杰斯的《创新扩散》（1962）。而美国著名传播学家奎包姆的《科学与大众媒介》（Science and the Mass Media）开创了农业科技传播的新领域，在社会上得到了很大的反响，此研究主要针对如何将科技知识和科技信息更有效地传播给公众，尤其是农民。值得大家关注的是，在1970年，国外的传播学者对中国农业科技传播也有所关注。《传播学与变革》（Communication and Development in China）（1976）一书中写到了我国农村在农业技术传播方面的经验。1980年，《中国农业培训系统》一书出版，书中用传播学的理论分析了我国农村农业技术传播的成就。

由美国传播学家埃弗雷特·罗杰斯提出的"创新扩散"理论（diffusion of Innovation Theory）将传播视为社会变革的基本要素。他认为是创新的扩散催生了社会变革，之后他又进一步揭示了创新扩散的思路：认知、劝服、决策、实施和确认，并提出了著名的创新扩散 S 型模式。在农业科技传播之初，往往扩散速度缓慢，当传播持续一段时间，随着受众达到一定的比例之后，就说明大部分人已经接受了这项农业技术，这时依然会有采用者加入，但新的受众就会逐渐减少，这就形成了一个 S 型的曲线。这种模式在一些农业科技传播活动中已经得到了初步印证。

（二）创新扩散的阶段

传播的发展是一个漫长的过程，人类文明的发展也是如此。传播媒介经历了一个由简到繁的发展过程，可以简单归类为传统传播阶段和现代传播阶段。从传统媒介向现代媒介的转变是传播媒介不断丰富的过程，也是社会信息系统不断发展进步的过程。

第一，传统传播阶段。传统传播阶段从人类传播的第一个媒介传播开始，在原始社会一切信息的传播均需靠人去传达，致使信息无法长时间长距离地传播，还经常出现信息不对称的情况。在这一时期，由于没有文字，只能依赖于信息持有者的记忆，他们的思维单一，不知道该如何精炼地表达，只是通过自己的实践经验来告知他人，科学性较差，并且只限于农民之间互相的交流，即经验共享。但由于这种传播的速度较快，也便于实现，所以很多农民仍然沿袭了这样传统的方式。文字的诞生开启了传统传播时代的新篇章。印刷技术的出现使得农民可以通过阅览各类印刷品来获取有用的信息，这种传播方式较口头传播而言，内容更为丰富翔实，传播范围也扩宽了。人们可以通过更多的渠道获取农业知识，农业信息也有了一定的科学依据。

第二，现代传播阶段。随着传播媒介的发展，从以口语和文字为媒介传播的途径提升到以网络为媒介的传播方式,电子传播方式已成为主流。这些传播手段摆脱了物质运输的局限,以便捷、高效、灵活等特点深受农民喜爱,他们既可以利用电子媒介获取农业的相关信息,也可以利用电子媒介休闲娱乐。

在信息化高速发展的今天,互联网被广泛应用。互联网的出现加快了农业发展的步伐,促进了农业的可持续发展,进一步体现了网络传播媒介的重要性。如果没有网络的出现,农业的发展仍处于落后阶段,仍具有滞后性。

二、农民行为改变理论

农业科技推广的最终目的是使农民从长期形成的经验型农业生产方式向使用科学的生产技术和科学的生产方式转变。在这个过程中,农民是整个农业推广工作的终端,农民行为的改变是农业科技推广的最终实现形式。农业推广工作是否成功,就看农民从事农业生产的方法和行为是否有所改变。因为农民是农业推广的终端,即农业新技术的接受者和使用者,所以农民的需要是激发农民行为改变的内生动力和原动力,也是实现农业技术成功推广的前提条件。王惠军认为,除了需要满足农民自身的需要之外,市场需求和政府政策导向也分别是促使农民行为发生改变以及推动农业推广、促进科学技术转化为生产力的动力,其中农民需要是原动力,市场需求是拉动力,政府政策导向是推动力。农业推广行为的改变主要包括:知识的改变、技能的改变、个体行为的改变、团体行为的改变和信息意识的改变。受我国几千年传统文化以及人多地少的实际国情的影响,几千年来形成的传统的小农意识以及精耕细作的耕作方式在农民的意识里已经根深蒂固,而且我国农民受教育程度普遍偏低,要实现农业科技推广工作的有序推进并达到理想效果就必须提高农民知识水平。在农业科技工作推进的过程中，通过实验示范、在线推广教育、建立在线咨询平台以及相关政策措施的落实来推进对农民的种植技能的传播和推广。在进行农业推广示范及普及的初期，一些思想开放、敢于尝试的农民便开始做第一个"吃螃蟹"的人。当敢于尝试的人收到良好的效果之后，在经济发展内驱动力和社会环境外部推力的联合作用下就会有大批农民也加入其中。

三、农业科技成果转化原理

农业科技成果是在农业发展过程中不断形成的改进农业生产技术与效率的成果。在不同的时期，农业科技成果会随着社会的不断进步有更高效率的产出，但是纵观全国，我国目前的农业科技成果并没有跟上社会的发展步伐。随着我国成为世界第二大经济体，第二产业与第三产业的进步有目共睹，但是第一产业——农业的发展并没有跟上我国的发展脚步，甚至拖累了前进的步伐。整个农业生产依然是传统的方式，农业科技成果的利用效率较低，农业科技成果的适用范围依然较小，如何进行良好、有效的发展是农业下一步腾飞的关键。

首先，农业科技成果对于农业发展非常重要，我们放眼全球农业市场，无论是发达国家还是发展中国家，农业科技的应用、农产品的产出效率都有值得我们学习的地方。农业机械化的水平、农业培育技术在美国都是高科技的项目，我们要通过进一步的学习，来适应我国的实际国情。我国农业经营范围差异性较大，地域特征明显，这对于农业科技成果的要求较高，因此我们在发展农业科技过程中要多方面地考虑气候、温度、地区等一系列实际问题。

其次，农业科技成果要具有经济性与普惠性，我国农业发展要考虑现有农业经营主体的差异性。我国农业经营主体目前类型较多，有小农户、农业合作社、农业企业等，不同的农业经营者对于农业科技成果的实际需求是不同的。在进行农业科技研发的同时，科研人员要进行多方面的考量，虽然这样会增加农业科研人员的负担，同时降低农业科技的产出效率，但是我们依然要看到农业科技成果对于发展农业的重要性，在有侧重的情况下努力发展经济性科技成果，同时也要把部分的精力放在普惠性农业科技成果的研发方面。我国农业科技可以选择两步走的战略，发展经济性农业科技成果侧重农业企业与农业合作社等大中型农业经营主体，他们能力较强，可以通过市场的方式进行科技成果的交易。对于能力相对较弱的小农户来说，普惠性的农业科技成果以行政的方式进行推广，政策性倾斜有利于我国整体小农户的农业科技普及率，提升农业产出效率。相关的农业科技成果以经济与普惠的方式进行推广，这符合我国的国情，对于农业产业的发展更有利。

农业科技成果不同于其他类型的科技成果，推广的实际难度比较大、影响因素较多，我们要做更多的适应性研究。农业科技成果的产出效率并不高，往往一个成果的产出周期能够达到几年，相对的实施效果也不尽如人意，这就会导致农业科技研发的恶性循环，为此要通过政府的介入、政策的倾斜，支持农业科技研发，加大农业项目的实际投入力度，刺激农业科技成果的产出效率。在不同的地区，政府要与小农户进行有效的沟通，促进农业科技成果的实际落地，同时也防止农业科技成果的盲目上马。由于各地区的实际情况不同，要考虑小农户的局限性，政府在进行实际推广中应有前瞻意识。

第四节 农业推广的新动态

一、农业推广的研究概况

（一）国外主要研究综述

关于农业推广成果的研究，美国是最早开始的国家。其发展脉络是从单纯的技术推广出发，而后逐渐涵盖到整个农业的推广。不仅如此，农业推广所包括的内涵也由一开始的单向创新扩散，逐渐变成了农业和科技之间的双向沟通和促进。从 20 世纪 80 年代开始，研究该领域的学者们开始普遍接受了在广义农业推广基础之上建立的"现代农业推广"概念，即把广义农业推广看作一种咨询服务（马卫东，2008）。虽然"推广"（Extension）一词发端于欧美，但是原有的"推广"学科名称早已被"沟通与创新"（Communication and Innovation Studies）所替代（刘玉花，2008）。

在农业推广体系研究方面，该领域专家 Roling 指出，推广科学是由推广研究成果和推广实践经验的不断积累而构成的知识整体，且农业科技推广作为一种政策手段，会随着所赋予的用途和特定的历史背景而变化（Niels Roling，1988）。农业科技推广是科技创新与农业实践之间的桥梁，充分全面的农业科技推广能够加快科技创新的落地。一方面，科技在农业中得到应用后，能使基础产业提高生产效率，增加产出，促进农业发展；而另一方面，农业中的现代科技应用，能在一定程度上促进相应科技的发展，吸引更多的人才和技术来攻克相关难题，从而形成一个良性的循环，对农业和科技的发展都有长足的促进。另外，推广学者在量化研究方面也日趋正统与严谨，如侯振挺以马尔科夫股价过程理论对新技术推广模型进行建模，以模拟出吸纳新技术主体的瞬时分布（Acta Mathematica Scientia，2011）。

如今，国外的农业推广研究一直在不断拓宽自己的外延，对于边界的界定呈现出虚化和泛化的趋势。而我国的一些学者则认为，过于宽泛的外设不利于学科的纵深发展，应对推广服务系统与目标群体系统之间沟通的原理、方法与实务进行研究（郭君等，2014）。

（二）国内主要研究综述

我国农业科技推广研究始于 20 世纪 30 年代，直到 20 世纪 80 年代，农业科技推广体系的改革才刚刚起步。20 世纪 90 年代以后，研究人员对农业科技推广中各种因素的分析给予了极大关注，我国农业科技推广的理论研究进入了一个开花阶段。近年来，学术界对我国农业科技推广体系进行了研究，在农业科技推广体系存在的问题、制度建设的对策和制度保障机制等方面取得了很大的成就。

在国外农业推广制度研究方面，国内学者主要从宏观角度，研究国外技术推广模式中具体措施的推广和经验的启示等。许多学者对美国农业科技推广体系进行了相关的研究。张金霞（2013）研究了美国和日本的农业科技推广体系，对研究我国农业科技推广体系运行机制有所启发。农业科研、教育和推广应合理划分中央和地方农业科研任务，关注和鼓励私营部门参与。

在农业科技推广管理体系中，许多学者认为，我国农业推广存在长期管理功能不清、缺乏激励和约束机制等制度问题。农业科技的复杂管理体系在一定程度上影响了农业技术服务体系的稳定与发展（宗禾，1999）。

大多数学者认为，农业科技投入的普及程度相对较低，农业技术推广力度小，已成为农业技术推广的主要制约因素（宗禾，1999；

张萍，2003；郭江平，2004）。一方面，中国农业科技推广经费不足，投资结构不合理，制约了农业技术推广力度（李凤艳、张力成，2019）。由于缺乏资金，现在许多基层农业技术扩展站处于"寻找富有，没有钱打"的尴尬境地。另一方面，为了解决资金严重匮乏的问题，许多基层农业技术在科研应用推广、教育分化等方面都有陈旧和普及不足的现象。蒋泰维（2004）指出，我国农业技术推广体系运行效率低下，不能有效调动教学、科研等各方面的主动性和积极性。

二、农业推广的理论创新

（一）自然科学新理论与农业推广

1.大数据的内涵

"大数据"是指容量大、数据形式多样、非结构化特征明显的数据集，需要新处理模式、更强的决策力、洞察发现力和流程优化能力来挖掘其中的有价值的信息资产。把大数据应用于解决农业或涉农领域数据的采集、存储、计算与应用等一系列问题，这种大数据理论和技术在农业上的应用和实践，称为"农业大数据"（孙忠富等，2013）。

2.大数据的意义与应用

现代的农业大数据可以对农业推广目标区的气候、水文、土地、污染等进行全面检测，分析变化，精准管理，解决农业技术推广与当地技术环境不相匹配的问题，比如：科学选种技术必须根植于本地气候、土壤等条件，农业大数据可以有效地对农业推广过程进行管理，通过农业数据采集、应用技术的提升，对农业推广中成本与收益的分析将更精准，便于对低效的农业推广进行科学调控甚至淘汰；大数据能够对农业装备与设施运行实施远程调控与诊断，对农产品生产与消费市场提供及时、准确的信息，增强农业推广活动的灵活性。

（二）系统理论与农业推广

1. 系统理论的内涵

系统理论重点在于认识事物之间的相互作用和相互关系，这些作用决定了系统总的动态行为特征。而系统动力学就是认识系统运行的一种有效方法。系统动力学是系统科学理论与计算机仿真紧密结合、研究系统反馈结构与行为的一门科学，是系统科学的重要一环。钟永光等（2013）认为，系统的行为模式与特性主要取决于其内部结构。

2. 系统理论的意义与应用

在农业推广项目中，传统的项目管理过多依赖于最初编制的"最优"计划，忽视了运行过程中结果的影响，低估了项目运行的时间与成本。项目运作的影响因素通常是非线性的，传统的网络图难以模拟，系统动力学则能从战略层面上模拟农业推广项目的运作情况，较有效地估计项目进展、项目时间、成本风险等，通过对流图中水平变量、速率变量、辅助变量的仿真分析，使农业推广项目管理者较清楚地看出主要影响因素对推广过程的影响，进而从宏观上对推广活动进行预测与掌控。同时，由于"牛鞭效应"的影响，农产品供应链稳定性很低，而且对产品供应反馈回路、非线性、延迟时间的分析较难，难以收集到量化的数据。鉴于系统动力学中的物质流、信息流概念，利用系统动力学对供应链进行模拟分析、诊断与改进将会是一个行之有效的方法。这将大大推动农业推广的发展，加大农民对农业推广的信心。

（三）物联网理论与农业推广

1. 物联网的内涵

物联网是指通过各种信息传感装备，实时采集需要的信息，与互联网结合形成的一个巨大网络，进而实现物与物、物与人、所有的物品与网络的连接，以方便识别、管理和控制（陈晓栋等，2015）。

2. 物联网的意义与应用

通过物联网理论与农业推广理论的对比分析，我们可以把万物互联的思想应用其中，各要素能够实现彼此"交流"，减少人主观的干预。通过这些"交流"，我们能够实现农业推广过程的追本溯源，明确各个环节的责任主体，进而增强农业推广分工的效率。物联网在实时监测与远程控制方面的应用，能够使农业推广主体仅仅通过手中的移动终端，而不必亲临现场就能及时掌控农业生产方面的情况。比如，通过智能手机对温室温度、湿度等进行监控与控制。物联网技术强调的是自动化、智能化，对农业生产、经营中以人力为中心、鼓励机械化的模式有很大的启发，当然这也会影响到农业推广活动的最终成果。

（四）自动化与智能化理论与农业推广

1. 自动化与智能化理论的内涵

21世纪的世界是科技的世界、智能的世界，各行各业都插上科技的翅膀飞速攀登。作为农业大国，"三农"方面的问题一直是我国比较重视的问题。从现状来分析，应从机械智能化与自动化方面来发展。我国在农业机械装备方面已取得了一定突破，在怎样更好地发展这方面做出了相应的指导，比如怎样调整好产业结构、怎样更好地利用机械技术等，特别是如何做好核心的高端产品。另外，随着我国经济发展，社会进步，科技方面也取得了一定的成就，农民对农业生产过程中的效率和质量等方面的要求也不断地提高，并且在机械生产中不断利用智能化、自动化来提升效率、提高质量，从而达到降低成本的目的（闫国豪，2016）。

2. 自动化与智能化理论的影响及建议

我国在努力学习其他国家经验的同时，也自己研制了一些机械技术，形成了自己的技术体系。总的来说，我国在机械技术方面还存在很多不足，核心技术不多、创新创造能力不足（何海英，2005）。

首先，我国虽然还在继续研制农业机械方面的核心技术，但同时也要利用好当前已取得的研究成果，比如对装置设备进行更新、对原有技术的不足加以改善。注意在机械装置效率以及环境适应能力方面提高经济效率和适应性。另外，加强管理，充分利用好当今的大数据信息。

其次，农业规模化、机械化特别重要，比如如何利用好智能、传感器装置等。我国在这方面还存在很多的不足，还需进一步地跟进，在机械技术得到提升的同时，产品质量也得到改善。我们应该进一步加强这方面的研制，对信息系统进一步进化升级，从而获取更好的效益。另外，也要注意如何才能让其更好地发展，如何更好地检测评定机械，最后达到经济与社会效益最大化。

再次，对智能化和自动化的设置装备进行更加仔细地构造，因为现在的很多产品都会用到微处理器等电子产品来对环境进行检测，这些要求都促使我们必须改进完善整体构造，包括后期的维护、售后工作等。随着社会的不断发展，我们以后对这方面的技术要求会更加地精细。

最后，我们国家在政策上应该加强这方面的支持，不仅是资金方面的，还包括技术方面。当今机械核心技术这方面的人才也比较匮乏，国家可以适当增加对这方面的投资，培育新型人才，为我国今后成为数字化、智能化的大国作保障。虽然我国当前在这方面已经有资金及政策支持，但还存在很多的不足，应制定一些切实的政策，积极地指导研发技术，继续提倡节能减排政策，为更好地智能化与自动化提供坚强的后盾。

（五）社会科学新理论与农业推广

1. 公共物品理论与农业推广

（1）公共物品的内涵

公共物品是指将物品的效用扩大到其他人的成本为零的一种商品（李诗悦，2014），而且使用者不能阻止其他人一起共享该物品。公共物品的最好例子就是一个国家的国防。农业推广也可以被看作一种特殊形式的公共物品。

（2）公共物品理论在农业推广中的应用

一方面，假如公共物品由私人提供，会由于收益成本不匹配，造成私人不愿意提供或者出现私人垄断的现象，这种现象被称为"市场失灵"。在出现这种"市场失灵"的情况下，政府提供公共物品成为一种主流认识。另一方面，由于政府对私人信息的缺乏，以及政府财力的限制，又会出现"政府失灵"现象。因此，有必要寻找政府和私人之外的解决办法。在二战之后，"多中心理论"应运而生，此理论认为在公共管理中，第三方可以发挥十分重要的力量（保罗·萨缪尔森等，2013）。在政府和私人不能有效解决公共物品的供给时，第三方可以发挥十分有效的作用。不过由于第三方供给也存在"志愿失灵"的缺陷，因此第三方也不是完美的。

所以，公共物品不是某一部门能完全提供的，而应由多部门来共同提供。农业推广作为一种特殊形式的公共物品，也应遵循这种原理。例如，政府部门可以免费进行栽培技术的推广培训，私人可以通过市场提供农资用品（化肥、种子），第三方可以提供一些生产和销售信息。

2. 权变理论与农业推广

（1）权变理论的内涵

权变理论指的是现实中不会有一种最好的管理方式，人们必须根据具体情况和具体条件，随机应变地处理问题。"权变"就是权宜应变（迈克尔·麦金尼斯，2000）。

（2）权变理论的意义及在农业推广中的应用

通过把权变理论引入农业推广中，我们可以清晰地发现，实际情况中不会存在最好的农业推广模式，一个国家的农业推广模式必须根据该国所处的具体情况来确定，具体情况应包括该国的农业发展水平、农民素质、科技水平、自然条件、经济状况等。所以权变理论对于一个国家的农业推广可以发挥很重要的作用。而分权就是权变理论在农业推广中的一个具体应用。分权是指一个组织为了发挥底层部门的主观能动性，把一些权力下放给下层组织，上层组织只负责一些最重要的事务。

例如：可以将一些中央的农业推广项目的实施下放到地方，由下层部门去执行；可以委托民营机构去指导和规范一些地方的农业推广服务；可以将农业推广的管理权限下放到各级政府，由当地政府负责本地的农业推广工作和资金需求；可以将农业推广的责任赋予私人组织，包括私人企业、合作社等。

3. 影响力理论与农业推广

（1）影响力的内涵

影响力是指通过让别人接受的方式来改变他人想法和行为的能力。不过，当要求以某些形式被提出来时，人们为什么会放弃抵制而选择接受呢？原因是影响力的性质不同（周义程，2011）。根据影响力的性质，我们可以将影响力分为强制性影响力和非强制性影响力。

强制性影响力是指通过一种外力，强迫人们接受。而非强制性影响力则是通过个人的号召力，依靠情绪感染而影响他人。

（2）影响力理论的意义及在农业推广中的应用

我们将影响力理论引入农业推广中，可以发现不同的农业推广主体对于农民的影响程度是不同的。为什么会出现这种情况呢？我们认为在农业推广过程中，不同的农业推广主体将会带来不同性质的影响力。因此，各个农业推广主体可以从不同的着力点来施加自己的影响力。例如：政府部门可以发挥自身的强制影响力，推广一些农民一时难以接受的政策或新技术；大学或者研究机构可以发挥自己的专业优势，在农业推广方面指导农民，以及为农民提供相关的信息和知识；企业和合作组织可以利用自身的市场优势，在农业推广方面对农民产生影响。

4."经济人"假设理论与农业推广

（1）"经济人"假设理论的内涵

农业生产技术的推广是由政府主导，农民自发参与的一种推广行为。因此，笔者认为这种推广行为是符合西方经济学中的"经济人"假设的。在西方经济学中，"经济人"假设又被称为"理性人"假设，指的是：每一个从事经济活动的人都是利己的（罗伯特·西奥迪尼，2010）；否则，就是非理性的（唐永金，2001）。

（2）"经济人"假设理论的意义及在农业推广中的应用

现实中的农业技术推广活动包含了一系列的经济学原理，其中就有"经济人"假设，在农业推广活动中人的影响很大。因此，农民是否符合"经济人"假设这一理论，农民对农业技术推广所持态度是否理性，关系到农业推广的技术传播问题。

通过以上梳理我们可以假设农民都是"经济人"，并且所作出的决策都是理性的，从事的活动都属于利己的行为。这里把从事的经济活动改成活动，扩大到每个作出的决策和事物中。由于农民都是"理性人"，对于政府所做的农业技术推广活动，都应该是积极参加的。因此，农业技术的推广能提升农业生产水平和提高农业科技利用率，从而提高农业产量和质量。这符合"经济人"假设的理论，并且作为一个"经济人"应该很乐于接受农业技术推广。但是，在现实的生活中，广大农村地区经过农业推广后的科技利用率以及农用机械的普及率还是相当低的，这对农业生产有着较大的影响。因此，这样的情况不符合西方经济学中的"经济人"假设的基本理论。

与此同时，农业技术的推广及应用是实现农业生产科学管理和农产品高产优质的重要保障，如果我国的绝大部分农民都具有"经济人"的性质，那么，农业生产中的科技利用率和农用机械利用率就会有大幅度的增长。这是提高我国农业生产水平的必由之路，也是中国实现绿色革命的快速通道。"经济人"假设理论在农业推广中的运用少之又少，非"经济人"的情况较为普遍。对此，在农业推广中农业技术推广人员就必定需要采用一些手段来使农民了解农业技术，帮助农民作出正确的判断。

三、农业推广的哲学问题

（一）马克思主义科技观

当今现代农业科技逐渐具有了一个系统化的功能结构。从哲学的出发点进行研究，科学技术是整个社会中独立出来的子系统，它的发展由其自身内部和外部的动力去推动。其外部的推动力是指社会发展的许多因素与科学技术发展的相互影响，内部的发展推力主要是指科学技术自身的发展矛盾运动。想要更好地理解科学技术的自相矛盾发展的运动，就必须从里到外来进行研究，从而进一步理解科学技术的发展特性以及其中自我发展的矛盾规律。因此对于农业推广的工作人员来说，掌握农业科技发展内外矛盾运动规律显得十分重要。

马克思把"科学技术是生产力"作为重要论述。"生产力中也包括科学"，固定资本的不断完善使人类在不断地学习成长中积累的知识，随着时间的推移几乎都转化为促进人类发展的生产力。马克思说过："社会劳动的生产力，首先是科学的力量"。1988年，邓小平对于我国当时的经济和科学技术发展水平的发展情况作出判断，并且得出"科学技术是第一生产力"的结论。这一结论是马克思主义科学观的一个表现，而且这也是马克思主义哲学理论当中对生产力的论断。科学技术对于一个社会的发展有着举足轻重的作用，促进国民经济的发展前进，这是其作为第一生产力的充分展现。科技的力量不仅仅对于过去农业的发展产生重大影响，对于现在及未来的农业生产发展，都是首要的推动力。

（二）马克思主义实践论

随着经济社会的发展，人类对大自然进行了不断改造和认识，同时，人类对于自然经济和科学技术的探索史与自然辩证法相互影响，集合了人类对于哲学发展的思想成果和几千年人类发展史的自然科学技术的结晶，对其进行了科学的总结，系统传承并结合实际不断完善发展。

随着国内农业推广体系的不断完善与发展，自然科学与自然辩证法相互影响。自20世纪以来，随着经济社会的发展，农业方面的科学技术取得了很大的进展，对于农业也有了更好地把握，而且，现代农业科技的新成就建立在自然辩证法理论基础之上。随着高科技农业物质手段的改进，诸如新的科学技术、新的发展理论、新的发展方法以及不断更新的尖端设备等，使人们在认识更加深刻的基础上阐述自然界的不断进化发展，促使农业科技不断取得新的成果。自然辩证法为农业科学技术研究中的创造性思维和创造技法、人类与农业发展的关系，应用技术与先进的科学、社会经济发展与农业科学技术进步的关系打下了一个很好的根基。

实践是指主体与客体进行的一系列相互影响的活动，实践对于发展来说有助其不断进步的作用，有了实践才会更好地进行认识。实践是认识的主要目的，我国农业农村的推广应用历程表明，联系群众的农业推广工作人员以及乡镇上的工作人员等工作者必须要遵守实际与科学发展理论相吻合的基本准则，不能想当然，要通过实践去检验。由人去主动地认识发展，在人类发展的历史中，社会探索处在不断的更新发展中，因此人类对于世界的认识是不断地成长进步的。科研和基层工作人员在农业不断完善的推广体系中，要踏踏实实地工作，有良好的职业道德，为我国农业的发展添砖加瓦。随着农业技术的研究发展，把先进的农业技术推广给基层有需求的农户，首先要遵循自然规律与法则，不断地学习总结先进的农业专业知识，不断地完善现有的知识体系，把最先进的技术转化为符合实际的应用实践。

在古代，人们对大自然的规律影响力很小，然而实际上并不是这样。人类在与大自然的相互影响下可以总结一些大自然以及自身发展的规律，然后再根据总结的大自然法则发生相互作用的条件和方式去利用大自然，这样可以不断地提升人类的生活水平。想要很好地推进一个农业推广项目，必须以大量的农业科学的相关理论作为依据。只有借鉴前人总结的科学规律，当农业推广真正去付诸实践的时候才有可能降低犯错的概率。所以，要充分考虑当地的实际情况，更重要的是满足当地发展的需要，制定完善的农业政策，才有可能很好地推动农业发展。

第二章　现代农业推广的专题研究

第一节　大数据在现代农业推广领域的应用研究

一、大数据与现代农业推广概述

（一）背景概述

近几年，大数据作为新兴资源已经逐步被社会各界人士所关注，大数据战略也已经上升到国家战略层面，大力推进大数据与农业产业融合发展，应用互联网、物联网、移动通信技术、云计算技术推动农业全产业改造升级，是跟随时代发展的农业推广领域转型升级的需要。农业推广技术正是农业全产业链改造升级的重要一环，大数据技术在农业推广领域的应用正是信息技术在农业领域发挥作用的体现。农业推广一直被认为是推动科技创新，促进农业发展的重要抓手。良好的农业推广体系是保证现代农业技术推动农业发展的重要基础。

由此可见，在农业技术日新月异的今天，相应的农业推广措施也应该进行更新，本章将以现代农业推广为核心，以大数据作为推广手段进行分析研究。

中国作为传统的农业大国，在农业领域已经取得了长足的发展，粮食安全得到了根本保障，基本实现自力更生。在中国共产党第十九次全国代表大会上，党中央提出农业农村农民问题是关系国计民生的根本性问题，必须始终把解决好"三农"问题作为全党工作重中之重。正是基于这样的大背景下，农业推广显得尤为重要。在当今信息科学技术迅猛发展的时代，先进的技术与理念为农业推广的发展提供了绝佳的机会，从而更好地将先进的农业技术、管理知识、市场信息等传播到农业领域，加快农业的现代化。正是在这样的潮流下，现代"农业推广＋大数据"应运而生，农业推广技术也日益受到人们关注，农业推广技术的发展也是农业现代化发展的重要基础。在互联网、物联网、移动通信等科学技术繁荣发展的今天，农业生产过程及其相关环节的推广传播也越来越重要。因为农业的推广传播在时间和空间上具有明显的差异性（高启杰，2001），这导致了农业推广是随着社会历史的发展趋势而发展的，所以在大数据时代，将大数据技术应用在现代农业推广中，是顺应时代的，推动农业推广技术创新性发展。

通过系统地研究大数据技术在农业推广中的作用，从而改变传统的农业推广方式方法，扩大农业推广范围和对象，推动农业技术、农业信息高效传播，更好地推进农业现代化进程。

在农业的生产与科研领域中产生了大量的数据，对这一系列数据的发掘、整合、使用，都对当前现代农业的发展起到关键的作用。如果农民能够及时有效地了解天气变化、市场需求和供应、作物生长等数据，农民和农业专家将能够远距离掌握现场情况和相关数据，准确确定作物生长状况，就能有效地避免自然客观因素和市场因素带来的经济损失。目前，大数据应用于农产品的物流体系、农业的天气预警、粮食安全可追溯、有害生物预报与控制、土壤数据管理、动植物培育、农业结构调整、农产品价格等方面，这对于特色小城镇的建设都很有助益。

对于中国的农民来说，大量的农业经济活动所产生的数据量不仅很大，而且种类丰富，如土地资源数据，水资源数据，育苗、播种、化肥信息，灌溉信息等，这些数据资源信息价值不可估量。一方面，通过大数据推动农业向数字化发展，另一方面，农业的迅猛发展也反作用于大数据，使大数据更加有效地服务于农业。

（二）相关概念

1. 大数据

大数据一词于 1980 年在美国提出，但大数据和数据库本质上是不同的。传统数据库是数据工程的处理方式，大数据的数据具有"5V"特点：① Volume，数据体量庞大。② Variety，种类和来源多样化。③ Value，有价值的数据占总数据比例较低。④ Velocity，具有一定的时效性，会随着时间的推移而失效。⑤ Veracity，数据的真实性，既保证数据来源真实可靠。

大数据不仅是数据处理的对象，而且还需要采取新的数据思考方式来处理问题。借助于合适的工具，进行大多数异构数据源的提取和集成，并按照一定的存储标准，通过相应的数据分析技术对存储数据进行分析，从中得到有价值的信息，并通过一定的方式将结果呈现给终端用户。大数据技术的应用范围很广，遍及制造业、农业、商业、医疗保险、社会保障管理等各方面。

2. 现代农业推广

现代农业推广是面向广大农民的社会教育，以农村为基础，以农民家庭农场或农户为目标，以农民实际需要为出发点。它是一个动态的过程，通过农业推广，向农民等传递有价值的农业信息或农业技术，帮助人们掌握正确的或新的知识和技能，提高农业生产效率。现代农业推广的主要功能是培养新式农民，促进农业发展，保障农产品的生产供应，传播农业生产技能，满足农户生产需要，保证国家社会稳定，保护环境，确保农业实现高效绿色的可持续发展。

依靠农村生产力的发展，更大程度地解放生产力。除了简单地推广农业技术外，还包括教育农民、组织农民、树立农民示范户、引导并帮助农民提高其生产生活水平。以农村社会为背景，以农民为推广对象，以农场企业或农民为推广中心，以农民实际需要为推广内容，为乡村振兴战略提供强有力的保障。

（三）研究概况

随着大数据技术的逐步发展，大数据在农业推广方式方法、农业信息传播和农产品流通渠道等方面的应用创新也应运而生。大数据在农业领域的应用研究也受到众多学者的青睐，并得到大量的研究成果，为农业大数据的发展打下了夯实的基础。

孙忠富等（2013）在肯定了大数据在智慧农业中的关键地位的同时，分析了大数据在农业方面的应用，以及应用的主要领域和主要任务。温孚江（2013）提出并肯定了组建农业大数据产业技术创新联盟的新思路。许世卫（2014）分析了大数据时代背景下农业监测预警系统的使用对象和发展趋势。郭承坤和刘延袤等（2014）分析了大数据在农业领域应用可能存在的问题，并提出农业数据整合、农业大数据平台构建、多元研究团队培养等发展农业大数据的三大任务。谢润梅（2015）阐述农业大数据的获取方式，以及大数据在良种培育、精准种植、农业生态监测等方面的具体应用。吴立（2015）通过剖析国内外有关农业大数据公司的业务流程，得出了大数据为农业开辟了发展新道路的结论。李俊清和宋长青等（2016）详述了农业大数据资产的概念和特性，并分析了农业大数据资产所面临的管理困难。汪琛德等（2016）在介绍大数据在金融领域应用的基础上，论证了农业大数据在期货市场中的应用以及对交易所业务的重要作用。

通过以上文献，可以看出在近年来大数据产业在农业领域有着丰富的研究成果，很多专家、学者在大数据产业与农业领域的应用上探索出了更多的模式，为如何更好地将大数据融入农业中提供更多的技术支持。如今在农业推广领域中结合大数据的研究成果并不多，通过在知网进行关键字检索我们发现，输入关键词"农业推广""大数据"，分别产生了2885篇、50517篇相关文章。但是，将两个关键字同时进行搜索结果显示为零，在农技推广中只有三篇文章提到了与大数据产业的结合研究。基于在农业推广领域结合大数据产业的研究还有待更加深入和丰富的地方，本书在众多专家、学者在各自领域大量研究的基础上进行农业推广与大数据产业结合的应用研究，进一步丰富该领域的研究成果。

（四）大数据背景下实施农业推广的必要性

1. 大数据面临的主要问题

（1）数据量化能力低

目前，农业普查仍然是我国获取各种农作物产量数据、农产品市场价格数据的主要途径。由于缺乏数据的对比、一小部分农民的不信赖、普查工作人员的个人利益和个人素质等，导致数据来源出现质量问题。普查过程中，农民也不一定说出真实的情况，审核过程中，普查机构控制不够严密，决策部门制定的普查方案有疏漏或不全面，都会影响普查的数据质量。

（2）数据共享率低

在市场经济背景下，农业生产经营的碎片化和农业地域差异性，使得农业生产很难在全国范围内形成统一的标准。农业信息也分散在各种各样的涉农网站、农业应用和各高校或研究机构数据库中，由于这些数据掌握者缺乏统一的管理和共同利益等原因，使得这些数据相互之间缺乏联系和统一规范，在功能上互不相同，信息不能顺利共享，"信息孤岛"现象严重，数据共享率非常低，限制了各区域之间的农业领域的合作，导致发展不同步。

（3）数据偏见

农业领域的大数据能用有效的大数据工具和方法进行分析，但是不同的研究机构有着各自的标准和目标，对数据的利用方向不同，必然导致不同机构对统一数据产生不同的分析结果，存在数据偏见问题。因此，需要考虑用来分析的数据能否代表客观事实，分析人员在进行数据收集整理时是否存在疏忽遗漏，使用统计结论时，考虑是否被人为地忽略掉重要结论，造成数据偏见。

2.国家发展战略的需要

在当前的大数据时代，科研数据作为国家的战略要素之一，也是一种无形的社会资产。科学技术的发展创新在很大程度上决定了一个国家的发展，而对科研数据的收集处理以及共享，可以加快科学技术的发展创新。作为传统的农业大国，长期的农业生产使我国积累了大量的农业生产数据，但是没有进行合理的处理和利用，是一种巨大的资源浪费，也不利于现代农业推广的进行。习近平总书记于2017年10月18日在党的十九大报告中提出实施乡村振兴战略。要实现乡村振兴战略的目标任务，一定要依靠现代农业推广技术的发展，通过借助新兴的大数据技术，改变传统的农业推广技术，推动现代农业推广技术快速发展，把先进适用的农业技术推广到农民手中，将农业技术真正转化为现实的劳动生产力，才能更好地助力乡村振兴。

3.农业科学研究和技术交流推广的需要

科技的发展创新需要科研数据的支撑，在当今时代，科技研究的数据量越来越大，系统性越来越高，较前沿的研究创新都是多学科交叉的产物，大数据技术的发展可以更好地帮助我们收集和处理各个学科的数据，找出它们的相关性，发展新技术并将之应用到农业推广的实际中。大数据技术可以使农业科研数据共享，使人们跨越国界、学科来使用农业数据资源，是提升科研效率、发展科技创新、实现科技交流的有效途径，可以大大推动农业推广的进程。

4.社会大众获取信息的需求

在大数据时代，对农业数据有需求的单位不再局限于过去的国家农业部门和科研单位。随着手机、电脑以及互联网的普及，对于农业数据的需求也在增长，例如个体农户、涉农企业、普通民众等。个体农户、农场以及涉农企业可以通过对取得的农业数据进行分析整理，调整经营种类或经营决策，随着互联网和移动通信的发展也能使社会大众提供自身拥有的农业数据，增加数据来源的广度。所以农业推广结合大数据是很有必要的。

二、大数据背景下现代农业推广发展

（一）大数据背景下现代农业推广的特征

1.数字化

数字化农业指根据不同农作物所需的土壤、气候条件，运用农业知识、信息技术、卫星定位技术，将一定区块的土壤成分和微气候数字化，最后集成起来形成智能数据库。黄献光（2002）举例：面向公司的农业企业平台 KisanHub，公司通过购买该平台的服务，可获得该平台数据库中的农作物产量、天气、商品粮报价等重要信息；此外，KisanHub 平台通过对其收集的大量数据进行分析，可得出各类农产品的趋势，从而帮助公司作出合理有效的决策。数字技术代表着更科学的种植以及对环境更有利的农业发展方式。

2. 信息化

信息化农业指以农业信息科学为理论指导，以信息和知识投入为主体，以农业信息技术为工具，用信息流调控农业活动全过程，实现可持续发展的新型农业。在这个信息爆炸的时代，能从众多的信息中鉴别出有用的信息，便是所谓的数据挖掘。在互联网和大数据的背景下，现代农业也急需发展信息化。农业推广的信息化体现在推广媒介的信息化、推广内容的信息化、推广基础设施建设的信息化等方面。

3. 精准化

在 20 世纪 80 年代初，美国便提出了精准农业的概念。我国从1994 年才开始研究精准农业，始于中国农业大学汪懋华教授。张海波（2016）认为，精准农业是根据田间作物生长条件和产量状况，应用全球卫星定位系统、遥感技术、地理信息系统技术和智能农机技术，对农业生产信息进行管理和对农田投入进行调节与控制，以达到提高效益、避免资源浪费、降低环境污染的目的。李志裕等（2017）指出，基于计算机的精准灌溉系统对每平方米农作物进行灌溉，从而提高农作物的产量和避免传统灌溉方式对水资源的浪费。

（二）大数据背景下现代农业推广发展现状

1. 日本

（1）产前

随着 2008 年大数据的提出，以及大数据在农业领域的广泛应用，日本的农业情报技术网络可通过特殊的无线通信网络，将计算机处理数据库和其他农业管理数据库以及个人计算机进行连接，使农业管理和技术人员、农户、农协均可利用这些网络数据。这为农业的产前提供了更多的信息支撑。

（2）产中

过去日本的农业生产仅靠简单的经验和粗略的数据分析，而现在的日本不断涌现出一些高新技术的检测仪器与装备。如用于检测农作物生长状态的便携式和无人驾驶直升机、作物生长信息检测装置、用于精确施肥的变量施肥装置。此外，日本在农田土壤信息传感器和光谱探测技术、农作物信息新型传感器和光谱探测技术、土壤参数时域反射仪关键技术等方面都有研究。这些机械设备的使用原理基本上都是对农作物各方面的数据指标进行收集和分析，有利于农业生产者做出生产决策。

（3）产后

日本建立的农产品市场销售服务信息系统，包含日本国内中央批发市场及覆盖全国的地区批发市场，实现了农产品信息的实时共享。设立的市场信息预测系统，为农户提供各种农产品产量及价格行情走势，以及农产品市场供给、运输、销售等信息。这些信息的获取都是建立在大数据分析的基础上的。

总体看来，日本在现代农业推广方面走在世界前列，在农业生产方面充分地应用和开发出很多有利于提高农业生产率的设备和装置，且建立并完善了一套推进农业发展的双轨制度。

2.中国台湾地区

（1）产前

进入 21 世纪，中国台湾地区大规模利用互联网创建了农业推广充电站 e 化数字课程、搭建了农民学院信息网络平台、构建了农业科技资料库，从而将资讯网络化，使农民通过网络可接受各种农业信息，同时让农业生产者能得到定期与不定期的农业技能培训。这为中国台湾农业相关部门实现该地区新型农民职业化的发展奠定坚实的基础。

（2）产中

在种植业方面，中国台湾地区主要通过 3S 技术（GPS、RS、GIS）和计算机自动控制技术研究不同土壤类型、耕作制度、作物生长发育过程中对水、肥的需求变化的规律，建立合理的农业灌溉、施肥、植保、栽培管理及品种改良的专家系统（单玉丽，2010）。

（3）产后

中国台湾地区利用因特网技术建立了农业产销信息系统、农业电子商务系统、农产品价格查询预警系统等农业服务机制。姚学林等（2013）指出，通过提供相关市场行情、农业生产资料与农产品贸易等情报信息，解决了农业生产者产销后续的众多问题，进一步实现了产销一体化系统体系。

3.小结

通过对日本和中国台湾地区农业推广在大数据提出前后特征的对比，大体可概括为两点：其一，在农业领域引入大数据前，日本和中国台湾地区都比较重视农业推广体系的健全和完善，以及推广人员的选择和培训，但农业的生产都没有实现精准化和智能化；其二，随着科技的进步和大数据的出现，它们都充分发挥人的能动性，创新出很多有利于提高农业生产发展的设备和系统，同时更加重视农业生产者对计算机的应用、产学研一体化发展以及科技的转化率，并加大农民网络技术方面知识和技能的培训和教育、加强高校与农业实验示范地区和农业专业技术人员的紧密结合，为实现农业的现代化和信息化贡献力量。

三、大数据在贵州茶产业中的推广应用

(一) 贵州省大数据及茶产业发展概况

1. 贵州省大数据产业发展概况

2014年3月，贵州举行的大数据产业发展推广活动吸引了众多企业、高校及科研院所前往贵州进行投资、开展合作，标志着贵州大数据产业的发展拉开帷幕。2015年9月，国务院发布《促进大数据发展行动纲要》，将发展大数据产业纳入国家战略，并将贵州列为全国唯一的国家大数据综合实验区。此后，贵州省又相继建立数据中心、大数据交易中心、"云上贵州"、大数据博览会等平台，贵州省大数据产业进入快速发展时期。2016年5月，中国大数据博览会在贵阳市成功举办，实现签约项目297个，投资总额达1253.94亿元。2017年5月，中国国际大数据产业博览会同样在贵阳举行，共达成签约意向项目235个，金额256.1亿元，签约项目119个，金额167.33亿元(黄娴，2017)。

2. 贵州省茶产业发展概况

贵州省因其适宜的海拔高度、日照时数、空气湿度、降水量以及土壤酸碱度等有利条件，种植生产出了无公害茶、有机茶，被公认为我国最适宜种茶、产优质绿茶的区域之一。至今，贵州省已有3000多年的种茶历史。

近年来，贵州省茶园面积逐渐扩大，产业发展水平不断提高。在茶产业发展上，贵州省主打"三绿一红"品牌，其中"三绿"即绿宝石、湄潭翠芽和都匀毛尖，"一红"即遵义红，整顿杂乱的茶叶品牌，主推茶叶公共品牌，打响贵州茶叶知名度，促进茶产业发展。另外，贵州省注重茶产业与农产品加工产业、茶下养殖产业、旅游产业等进行

多产业联合发展，已建成了茶旅一体化发展、茶下养鸡产业等多产业融合的生态型、休闲观光型茶园，从而实现 1+1 大于 2 的效果，促进产茶区经济社会的健康有序发展。

（二）大数据在贵州省茶产业推广的技术基础

1. 移动互联网技术

随着 IT 行业的迅速发展，移动互联网技术也得到了较快发展。移动互联网技术因其便捷、多样、移动、开放、融合、智能等优势，已逐渐发展为通信领域的主流技术之一。

移动互联网技术包括智能化诊断、二维码编码、移动搜索、移动定位等技术。移动互联网技术在农业中的应用，是指农业经营者运用移动搜索技术、智能化诊断技术、二维码编码技术等通过 4G 网络、无线移动网络，使用智能手机随时随地进行农业种植、管理、销售等方面的咨询，获取农业技术知识推广服务，开展农业生产、销售活动。

2. 农业物联网技术

彭志良等（2016）指出，物联网是通过信息传感设备实时采集任何需要测控、连接和互动的物体或过程，将采集到的各类信息同互联网相结合而形成的一个巨大网络。物联网的实质是物物相连的互联网，是大数据产生的基础。

农业物联网技术包括农业资源和环境实施监控、大田精准作业、设施园艺物联网监控、农产品质量安全追溯等关键技术。将物联网技术广泛应用于农业的各个生产环节，对实现农业集约、高效、生态、安全性生产具有重大实践意义。

2015 年，国家发展改革委员会同意将贵州省作为国家物联网应用发展的一个试点，培育与物联网相关的骨干企业，通过建设物联网重大应用示范工程，从而构建西南地区综合物联网应用的示范区。贵州省将物联网技术用于农业种植、管理等领域，对其区域内现代农业的发展产生了积极作用。

3.云计算技术

云计算在互联网高速推进的时代背景下应运而生，它是以互联网作为载体，运用虚拟化手段把可以配置的网络、存储、数据、应用等资源加以分析、处理、整合后，以服务的形式按照用户的需求而向其提供服务的一种计算模式（李晓辉等，2011）。

云计算是大数据产业发展的重要基础设施，大数据依赖于云计算技术对海量数据进行分析处理，使其产生真正的价值。

（三）贵州省茶产业发展中大数据的应用

1.茶园水肥一体化

贵州省地形多为山区，蓄水能力有限，茶叶生产区域多为坡地，蓄水困难，而且土壤肥力不足。同时没有合理的土壤养分管理措施及专业的技术指导，茶园水量、肥力投入常常过量或不足，不但严重影响了其茶叶的产量及品质，水、肥的过量使用，又致使多余的养分通过深层土壤汇成地下水，或者与径流汇合形成地表水源，造成环境问题。因此，为破解这一难题，贵州省借助大数据的发展应用，为茶园引入水肥一体化技术，促进贵州茶叶健康有序发展。

茶园水肥一体化，即在茶叶生产过程中，收集各茶树品种、茶树年龄、气候因素及土壤所需的水肥量等数据，以可溶性固体或液体肥料的形式与其所需求的水量相融合并配兑成水肥液，通过利用地形自然落差或者借助于压力系统而铺设的可控管道对茶园茶叶进行定时、定量的管道输送或滴头滴灌水肥液。运用水肥控制系统，不但达到了量化施肥和量化灌溉同步实施的目的，而且还精准地满足了茶树对水分和养分的双重需求。

目前，贵州省湄潭县、凤冈县等茶叶园区相继采用了茶园水肥一体化技术。茶叶园区运用水肥一体化技术，具有较大的经济及实践意义。一方面为茶园节约了大量的水肥、人力资源。据研究，与常规大漫灌相比较，水肥一体化每公顷大约节水 1192 升，占常规施肥量的 70%—80%。另一方面促进了茶叶产量、品质及生态环境的提升，通过对茶园水肥量的合理控制，有利于茶园小区域产茶气候的改善，促进茶叶生产的良性循环。

2.茶树病虫害绿色防控

茶树病虫害防控是茶叶生产过程必要的措施，若不能妥善处理，将成为制约茶叶产量及品质提升的一个重要因素。为增加茶叶的产量，茶农不可避免地进行化学农药喷洒，如不合理使用会造成茶叶中农药残留问题严重，不仅影响了茶叶品质，甚至危及人体健康。因此，对茶树病虫害进行绿色防控已迫在眉睫。

目前，贵州省建立了基于生物基因技术的茶树品种的资源采集、选育平台，采集茶树品种、茶树年龄、茶树病虫害情况（害虫形态特征、害虫生存情况、害虫发生条件、病害症状、发病状况及相关图像等数据），从而便于浏览、查询、诊断及分析茶树病虫害信息，找寻、探索茶树病虫害绿色防控措施。贵州省还探索出了生物防治、物理防治等茶树病虫害绿色防控技术，防控技术对提高茶叶产量、提升茶叶品质效果较为明显。

3.茶叶生产监控

随着信息技术、大数据技术推广应用的不断成熟，各行各业的升级、发展得到促进。同样，其在茶叶生产等方面也起着举足轻重的作用。

2014 年，贵州省建立了贵州茶云数据平台，如"贵州茶基础数据库""基于物联网技术茶叶标准化种植、加工、监控平台"等。茶叶数据库及平台建立的目的在于收集与茶叶的种植、生产有关的真实数据，从而对其进行监督，同时，将收集到的数据进行系统排列，从而获取贵州省各茶叶生产区的生产、布局等情况，及时对生产中出现的问题展开分析、处理。茶叶的生产包含一系列复杂环节，这些环节包括摊青、杀青、揉捻、回潮、烘干等，而这些环节都必须通过贵州茶云数据平台进行数据的收集与监控。只有利用系统对整个茶叶生产管理环节中所产生的数据进行记录、收集，并对其进行分析，茶厂才能制定出最佳的茶叶生产工序，从而提升生产效率和品质。

4.茶叶质量分级

质量是产品的生命线，茶叶作为一种产品，同样如此。茶叶质量的好坏，直接关系到茶园的生存，茶叶质量优劣也将直接影响茶产业的长足发展。因此，通过对茶叶的质量进行检测，按质量检测标准实施严格分级，以此提升顶尖茶叶的市场地位、稳定普通茶叶的市场占有率、减低劣质茶叶的市场份额，从而规范茶叶市场。

2015 年 4 月，贵州省开展了"茶叶质量安全云服务平台"建设。此平台将茶叶质量检测检验系统纳入其中，对贵州省茶叶建立统一的质量检测标准，进行质量分级。通过茶叶质量安全云服务平台，收集全省各茶叶基地、各茶叶品种的质量信息，形成数据库，运用高光谱图像技术对其进行分析、整理，最后依托茶叶质量检测检验系统，按照检测标准对分析结果进行茶叶质量的分级。贵州省实施茶叶质量分级，不但能使通过质量检测的顶尖茶叶在市场上获得相对较高的价格，形成系统性价格体系，同时，能对茶叶质量生产较差的茶叶基地、企业产生激励效应，从而使全省茶叶的质量在整体上得以提升。

5.茶叶精准营销

近年来，大数据的迅猛发展及其广泛应用对全球商业营销模式产生了巨大冲击，对于贵州省这一产茶大省更如此，传统的茶叶营销模式已不能满足市场需求，这已成为影响贵州茶叶销售量的主要因素之一。

在大数据时代背景下，贵州茶叶最有效的营销模式是通过大量的数据分析来洞悉消费者的消费习惯，了解其最为关心的问题及其需求的变化，从而为贵州茶叶寻找更多的消费空间。当前，微博、微信、淘宝等平台是收集消费者信息的主要来源地，从这些平台上可以收集到意向精准的茶叶消费者的信息、对茶叶产品的评价以及微信指数、微博指数、百度指数、淘宝指数等数据，以此从多角度了解消费者更深层次的购物心理，通过大数据找到贵州茶叶真正的消费者。

近年来，贵州省大力发展电子商务，茶叶是其主推产品。贵州省茶叶营销模式以电商平台为中心，以微信、微博及中贵网（贵州农业大数据平台）作为宣传窗口，利用农村淘宝作为载体，在茶企业、茶叶经销商及消费者之间搭建起联系。茶叶消费者首先从网上筛选产品，然后可选择亲自去实体店或者就近的茶叶生产基地进行体验和实地考察，通过其亲身感受决定是否购买。选定后商品将由专门的配送物流送货上门，最终完成茶叶产品的购买。通过这种模式，一方面，可直接增加消费者对其购买产品的认知与认可；另一方面，茶叶生产者、茶叶经销商在消费者亲自走进实体店、走入茶叶基地时，可通过与其进行面对面、最直接的沟通，从消费者身上获取更多的信息，以此开展更精准的营销。

（四）贵州省茶产业发展中大数据应用存在的问题

当前，我国经济正处于转型升级、创新发展的重要阶段，发展大数据产业是经济转型的一大助力。贵州省在快速发展大数据产业同时，为本省经济增长及全国经济增长都创造了新的发展空间和动力，发展成效瞩目。茶产业作为贵州省支柱性产业之一，抓住了贵州大数据发展的时代机会，将大数据技术应用于茶产业发展领域中，促进贵州茶产业从传统发展模式向现代农业发展模式的顺利转变，但在其转型过程中也存在一些不足。

1. 茶业大数据建设还处于早期阶段

尽管贵州省大数据的发展走在全国的前列，但大数据在我国农业产业应用的历史太短，数据采集渠道、数量远远不能满足农业发展的需要，茶产业作为农业中的一类产业，其发展所需的数据支撑严重缺乏，从而影响茶企业、茶农及消费者对茶叶市场的分析。

2. 茶业数据资源利用率较低

传统的农业数据库、数据处理方式及茶农、茶企业都直接影响了对已有茶数据资源的利用。目前，大数据在贵州省茶产业发展过程中主要被应用于茶叶种植、物流、销售等领域，而在茶企业管理、茶产品售后服务等领域的应用较少。

3. 茶业大数据专业人才缺乏

从贵州省茶产业发展现状来看，其存在的一大问题是专业人才缺乏，既具备农业技术又具备大数据技术的复合型人才更是严重不足。在茶产业大数据的专业人才培养方面，高校大数据与茶领域人才培养建设大多没形成系统的、交叉的人才培养计划，导致在茶业大数据的建设及大数据资源的利用等方面都存在着较大的问题。

（五）贵州省茶产业发展中大数据推广应用的对策建议

农村经济社会的发展，应充分认识到农业大数据的重要性，大数据是企业、产业进行转型升级创新发展的重要途径。而贵州省茶产业的发展也必须充分利用茶业大数据，促进其快速转型升级。

1.加强建设贵州茶云大数据平台

相关的云平台应该具备整合贵州茶企、茶农与合作社等相关数据的能力，同时面向茶企、合作社提供生产、加工、销售环节的信息化、跨境贸易一站式服务，以及上下游企业供应链服务，实现黔茶全产业链的数字化整合，建立起消费者与茶产业区、茶企之间的信用通道。

贵州茶云大数据等平台通过数据采集、挖掘、呈现和智能分析，为贵州茶产业的政策制定和产业引导提供决策辅助。

2.培养大数据专业人才

当今社会的各种竞争，其实质是人才的竞争。将大数据应用于茶产业发展，势必需要一大批能熟练操作大数据系统、大数据分析能力较强的新型人才。在高校教育体系方面，加大对大数据科研的支持与鼓励政策措施，培养更多对大数据领域感兴趣的优秀人才；各茶企业、茶叶园区应尽量引进各高校有关专业的优秀毕业生，并对引进的毕业生及原工作人员中有潜力的人员开展大数据系统分析能力技能培训。

3.重视数据安全的保护

随着移动网络、物联网、云计算等高新技术的高速发展，大数据技术的应用越来越成熟，其在茶产业发展中的重要性日益突出。但是，数据的产权问题也不断涌现，而隐私数据的泄露不仅会对茶企业、茶园造成直接的经济损失，同时还会使消费者因担忧隐私泄露而隐瞒自身信息甚至谎报信息，茶企业、茶园将无法获取可靠的信息。因此，在相关产业数据的共享与保护上，社会各界都应进行合理的规范：在政府层面，对于泄漏隐私等行为在政策上进行明文规定，严厉打击私自泄漏相关的行业核心数据，为保护数据安全提供政策的保障；在企业层面，收集信息与共享信息的过程中应该确保相关用户信息不泄露。

4.优化整合茶产业发展资源

贵州省茶产业的发展应尽量避免全省各主要产茶区同质化，这就需要各产茶区充分利用好茶业大数据，避免茶叶园区重复建设、茶叶延伸产品相似的情况。中国有较多茶产区，各自具有特色，这就要求在发展贵州茶产业的同时，应借助大数据分析，挖掘本地茶叶特质，建设特色茶园、开发特色产品，优化茶产业发展资源，走品牌化路线，提升贵州茶产业的附加值。

高效的农业推广不仅有利于推动国家农业发展目标的实现，而且有助于促进农业技术本身的进步及农户的增收。进入 21 世纪，我们便进入了信息和数据时代，将大数据应用到农业推广领域是农业创新发展的一条康庄大道。

第二节　网络媒体在农业科技传播中的应用研究

随着经济全球化的到来，网络媒体备受关注，成为人与人之间密切联系的纽带，使信息的传递具有及时性、高效性。在各种媒介中，网络媒体以独特的优势成为农业技术传播最受欢迎的方法，在农业技术媒介中独占鳌头。网络媒体遍及世界的各个角落，与此同时，媒体的传播手段也焕然一新。随着社会的演变、科技的更新，农户的生活方式也发生了翻天覆地的变化，一大批网络工作者如雨后春笋般出现。从理论上讲，网络媒体可以带动农业科技传播，促进农业传播快速发展，被人们欣然接受；在实践上，网络媒体与农业科技传播也应协同发展，缺一不可。随着人们生活质量以及自身素质的提高，网络媒体贯穿于人们的生活中，使人们能获得更多先进的信息，为人们的生活增加了无尽欢乐，也丰富了人们的知识，开阔了眼界。网络媒体改变了原有的传统农业种植方式，所以，应加大网络媒体在农业科技传播中的应用，增加农业产出量，使得第一产业与第二、三产业协同发展，共同进步。同时逐渐改变原始农业脆弱性的特点，提高农业生产的数量与质量。

网络媒体已被多数发达地区所接受并采纳，并取得了非常好的经济效益，但是，这仅限于在东部地区。在我国中部和西部地区，由于经济条件比较落后，农民教育程度普遍偏低，农业科技的传播在实际应用中存在着诸多问题。再加上农村地区的封闭性及滞后性，农业科技传播在农业中的广泛应用成为政府高度重视的问题，也是最让农民困扰的问题。当下，让农民学好科技知识、学会运用高科技是解决问题的关键。

解决要点大致包括：首先，将网络媒体视为主要的研究对象，通过分析网络媒体对农业科技传播的贡献，得知网络媒体促进了农业的发展，改变了农业的经营方式，使得农业的生产形式更加组织化、规模化。现代网络传播技术的出现，顺应了时代发展的潮流，将农业的发展推向顶峰。其次，农业的快速发展与其他产业紧密相连，第一产业与第二、三产业协同发展，共同进步。先进技术在农业中的应用会进一步增加粮食产量，使得农民的生活得到保障，提高农民的收入水平，进而改善农村的面貌，推动农村地区发展，逐渐摆脱落后的局面。总之，网络媒体的出现对农业的发展及科技的传播具有深远意义。

一、国内外研究现状

（一）国内研究现状

许多学者对于网络媒体在农业方面的应用有着极高的兴趣，并进行了进一步的研究。1985 年，翟杰全发表一篇题为《科学传播浅谈》的短文，这篇短文很可能是与科技传播有关的最早的文章。这篇文章最早提及了科技传播的相关理论，如果从这篇文章开始算起，国内在科技传播上的研究已经有 30 多年的历程。尽管目前我国在科技传播方面的研究跟西方国家有一定的差距，但自 2000 年起，我国的科技传播研究已经取得了非常大的进展，迈向了一个新的阶段。关于网络媒体在科技中的传播研究，蒋宏（2008）讲述了网络媒体目前发展的现状、发展趋势以及所呈现出来的方式。刘涛（2010）介绍了网络媒体传播科技中的优势和劣势，认为网络媒体科技传播的劣势主要在于对虚假信息的监管力度不足，导致出现信息可信度不高的现象。

网络媒体与传统媒体之间有很大的区别，其中最大的区别在于传播状态的改变：由一点对多点改变成多点对多点（郭炜华，2009）。国内的专家学者虽然对网络媒体技术与科技传播都有研究，但是将网络媒体与科技传播结合到一起的研究尚且不多（王希贤，1987）。他们大多是片面地谈论网络媒体对科技传播的作用，没有结合实际提出相应的对策。而事实上，网络媒体在带来正面效应的同时，在科技传播中也存在着一定的局限性和应用问题，解决存在的问题对未来发展网络媒体具有非常重要的现实意义。青岛农业大学赵晓春（2005）重点论述了传播学一般意义上的特征研究和农业传播自身的独特性。随着现代社会的不断进步和网络媒体的蓬勃发展，使得学者们对农业科技传播的研究有了极大的兴趣。如王利（2008）讲述了农业期刊在农业科技传播中发挥的重要作用，蒋建科（2005）在《论媒体传播对农业科技推广的影响》中讲述了农业技术推广受到媒体的变化影响与变化情况等。近几年来，我国的"三农"问题得到国家的高度重视，"三农"问题也得到了改善与发展，学者们开始新一轮对"三农"的研究，更加理性地从传播、传播机制、农民群众等方面来研究农业科技传播等问题，如陈卓等著《论我国农业科技传播的现状分析与对策》（陈卓等，2009），陈蕊著《建立以农民为中心的现代农业科技传播体系》（陈蕊，2010）。

郭剑霞（2012）认为，网络媒体是一种成本低、效益高的推广形式，比传统的农业传播方式更加便捷，减少财力、物力的损耗，降低了农业推广成本，同时还保障了推广信息的准确性和及时性。王强和曾小红（2010）认为，由于农民的社会地位和文化素质的原因，以及传统媒介的滞后性，导致了农民这个群体在传统媒介中处于一种被动的地位，而网络媒体传播技术作为一个新媒介改变了传统媒介的传播方式，也改变了农民对农业传播技术的认识。

在科技信息快速传播的今天，人们对农业科技传播又有了全新的认识。由此，随着科技的发展，农业科技传播的技术成分得到了提升，使农业科技传播发生了翻天覆地的变化。随着互联网时代的到来，农业科技传播不再单向进行，而是走互动性的路线，因此，利用网络媒体传播农业成为这个时代研究的热点。

（二）国外研究现状

国外对网络媒体的认识较早，早在 50 多年以前，在美国哥伦比亚广播电网技术研究所所长 P. 戈尔德马克（P. Goldmark）发表的一份关于 EVR 的商品计划中，第一次提到了"网络媒体"这个概念（李杰，2013）。

1964年，美国传播政策总统特别委员会主席 E. 罗斯托（E.Rostow）在向尼克松总统提交的报告中也多次提到了"网络媒体"一词。从此以后"网络媒体"就在美国得到了普及，随之传到了世界各国，从此全世界开始使用这个概念。网络媒体影响着人们生活的方方面面，而且还影响人们的思维方式，使人们的思维方式发生全方位的改变。但是凡事都有利与弊，网络媒体虽然得到了普及，许多外国学者运用传播学的理论，对网络媒体的优势与劣势进行了研究，但是在网络媒体这个领域缺乏具体的实际操作应用。

二、网络媒体与农业科技传播简述

（一）农业科技传播的概念

农业科技传播的出现有着较长的历史，传播学最早关注的科技传播现象就是农业科技传播，它要求运用现代的传播技术对农业科技知识和信息进行传播。农业科技传播主要指科技人员将获取的先进的生产方式以及相关的农业知识经过筛选、整理传播给农户，达到知识共享，改变农户传统的生产方式，带动落后的农业快速发展的目的。

农业科技传播需要采取强有力的手段去宣传，使用最简单的方式让农户去了解、接受和采纳。农业科技在传播过程中，针对不同的人群需要使用不同的传播方式及手段，农民受教育程度普遍较低，对新鲜事物的接受能力较弱，必须花费一定的时间来传播，让大众接受。

（二）农业科技传播的理论基础

农业科技传播的理论依据是科技传播学理论，而科技传播学又属于传播学理论。农业科技传播系统本来就是一个复杂的传播系统，这一切都离不开理论的支撑。随着教育程度的提高，人类不断进一步加深对农业知识的掌握，对农业科技也有新的认识，而将这些知识进行不断扩散就是农业科技传播的过程。由拉扎斯菲尔德等传播界学者研究提出的两级传播理论（Bi-polar Communications Theory），信息从初始传播到被大众所接受需经过两个阶段：第一阶段是从大众传播到舆论领袖的过程，第二阶段则是从舆论领袖传播到社会公众的过程。随着现代信息化的崛起，其中的弊端逐渐显现出来。因为单纯的传播活动具有一定的规律性，但在实际生活中，农业科技传播不能单纯遵循传播规律，还受多方面的影响，例如环境、气候等。此外，从农业科技传播受众的独特性来看，农民的文化素质水平以及地域条件等都对农业传播有一定的影响。

使用满足理论（Uses and Gratifications）是由 E. 卡茨提出的，他从受众的角度来观察，研究为满足某种需求从而借助传播媒介的目的，从而考察大众传播所带来的行为上和心理上的效果。他认为，信息接收者之所以选择某种媒介完全基于个人的需求，进而借助媒介来影响传播过程。在心理学领域，动机是引起某种行为并且维持该行为的直接原因，而内部条件和外部条件均可以引起动机，其中需求是引起动机的内部条件。农民之所以选择某种传播方式，是因为该方式满足了他农业生产的需要。所以，农业科技传播者应当充分运用使用满足理论，因地制宜，根据实际的地域、自然、经济条件和生产水平来传播农业科技知识，从而有效满足农民的需求。

（三）网络媒体的概念

在高科技不断繁衍的今天，网络媒体也被广泛关注，以电脑、电视和智能手机等作为传播的手段，使得信息更加科学化、数字化。严格来说，与传统的传播媒介相比，互联网使得信息的传播更加高效、持续。网络媒体是通过新技术和新思维改变传统传播途径而产生的新的媒介形式。网络媒体的出现并没有带来新的传播内容，依然围绕着旧的媒体内容，只是改变了传播的方式。作为互联网上的第一代媒介，网络媒介主要指 QQ、微信、电子邮件、网上书店、各种网络主页等。网络媒体的传播手段打破了原有的时间和空间限制，不同地域的信息能够以最快的速度被人们传播，是经济全球化必不可少的传播手段之一，提高了信息传播的效率和准确性。

（四）网络媒体的分类和特点

我国目前主要的网络媒体有：个人网站、门户网站、电子乡政府等。互联网的出现促进了网络媒体的发展。传播方式、传播内容、传播效果充分展现了网络媒体的三大特点。

第一，传播手段的网络化。互联网的出现，将地球人连在一起，成为一家人，将信息以最快的速度、最便捷的方式传递给人类，让大众所熟知并吸收。一则讯息几乎可以在发生的同时就已经传遍了全球，然而这些优点也衍生出了不少的缺点。例如不法分子利用改号软件将诈骗邮件伪装成银行客服的系统邮件，冒充银行工作人员让个人补录信息，从而盗取个人的账号信息，给银行卡持有人带来了极大的经济损失。网络媒体的缺陷，使得安全意识较高的农户对网络的信任度降低。

第二，传播内容的"零碎化"。网络媒体使得传播的信息具有碎片化的特点。从空间上来看，网络媒体的传播可以超越空间的限制，足不出户就可了解世界各地的新闻，受众还可以在家进行网络课程的学习。从时间上来看，与传统媒体相比较，网络媒体的碎片化更为明显。

第三，网络媒体的传播具有不可控制性。在网络媒体传播过程中，不真实和虚假的信息大量涌出的现象时有发生。公众出于猎奇的心理，对信息饥不择食，蜂拥而至，争先发布，缺乏对信息的理性分析，导致用错误的信息确立自己的立场，而这种行为一旦累积到一定量以后，就会形成一定规模的"民意"，民意升温形成一种舆论压力，迫使事件的相关者做出反应。传播效果的不可控制性，往往降低了信息的准确性。由于农民本身受文化素质的制约，更加缺乏对农技信息的辨识能力，一旦学习了错误的知识，那将得不偿失。

第三节　网络媒体在农业科技传播中的作用

（一）在国家政策与农民间起到桥梁作用

传统媒体受外部环境或者科学技术的限制，使其本身具有的功能并没有得到很好地发挥。而新媒体随着科技的发展，应用越来越广泛。然而，由于大多数农户科学文化水平较低，接触先进的技术机会较少，农村的基础设施也相对不完善，使得网络媒体"进村"更难。而今，许多村庄在进行农业科技传播时仅停留在面对面培训阶段。所以，如何充分利用网络媒体，使农业科技传播更加便捷、迅速，让农户从中充分受益，是当前农业科技传播所需解决的主要问题。

与城市相比，农村相对比较封闭，在获取外部信息，尤其是国家政策方面显得落后。其实大多数农户，由于生活水平不够发达，所享用的网络媒体也仅限于电视机和收音机。比如，通过观看新闻联播和收听广播来获取外部信息，以此来了解国家有关农业方面的政策。

传统媒体时期，涉农报纸对传播农业科技起了至关重要的作用。但报纸的时效性较差，而且对读者的文化素质有一定的要求，所以报纸在农村地区的普及率并不是很高。尤其在贫困地区，许多农户并不舍得订阅报纸，即使他们很愿意阅读，也会由于经济和文化素质的原因放弃订阅。销量差，利润低，报社也不愿意对农村地区进行投送。这时网络媒体的优势尽显，覆盖率全，传播速度快，时效性高，足不出户便可了解世界各地的消息。

农户需要了解农业相关信息时，可以登录农业网站，不仅可以在线咨询专家，还可以学习"三农"政策，阅读"三农"新闻，观察市场行情。同时农户还可以注册农业论坛，在帖子下面发表自己的意见，等待专家进行专业解答。

现在手机的普及程度越来越高，应充分发挥其易于携带和快速接收信息的优势。农户可以从微信里关注一些权威的官方农业公众号，定时接收一些农业技术和惠农政策，也可以下载一些农业客户端，从中学习到更多的农业政策和农业知识。农户也可以注册邮箱，订阅一些农业政策和农业技术传播的电子邮件，还可以进行保存，遇到问题及时学习。只要手机可以接收到信息，农户就可以随时随地进行查阅。

以前网络媒体尚不发达，国家政策上传下达时，受到各方因素的影响，造成受众覆盖面小、传播速度慢的现象，使得农业信息传播呈现严重的滞后性。当出现新的农业技术，农户也不能及时进行学习，只能等待专业推广人员面对面的培训。如今，网络媒体越来越发达，农户学习新技术，可以通过网上来进行远程学习。农业技术传播人员通过图片或语音、视频的方式进行教学，不仅浅显易懂，而且生动形象。近年来，国家有关部门建立了远程教育系统，这为农户传播国家农业科技技术、解读农业科技政策提供了很大的便利，农户足不出户就可以跟随专家进行学习。

（二）传播和推广先进的农业意识、技术

农民由于自身的封闭性，以及文化水平受限，长期以来形成的观念意识并没有那么先进。在传统农业时期，当出现新的思想和技术，并由实际检验确实可行后，再由外界传入农村，经过这样一个漫长的过程，传入农村的意识和技术实际上已经不再具有先进性。新兴网络媒体出现后，传播先进的科技意识就变得非常便利和快捷。网络媒体具有开放性和共享性，它承载的信息是海量的，网络用户各取所需，农户可以自动筛选出符合自己要求的信息进行接收。同时网络媒体信息的时效性有保障，信息的滞后问题得到根本改观。意识的形成不是一朝一夕就能完成的，需要长时间的耳濡目染，并在实践中强化，才能形成属于自己的意识。网络媒体通过实时更新，不断推送即时信息，保证农民与外界的一致沟通，消除农民在空间上的隔绝。

技术的传播与意识的传播应是相辅相成的，技术中含有意识的成分，技术的推广也有助于意识的形成。技术的传播需要一个重要的过程——反馈，它不像意识传播那样是农村单向接收的，技术通过运用与实践才能产生价值。传统传播过程中，农民与农技人员面对面的交流，不断反馈问题，初次传播的效果是很好的，但是缺点也十分明显。其一是农技人员一次传播的农民数量有限；其二是不利于以后的反馈，技术运用之后产生的问题农民难以再进行反馈。网络媒体传播中，农民从移动终端如手机、电脑接收到技术，并将实践过程中产生的问题通过网络媒体及时反馈给农技传播人员，打破时空上的界限，经过多次反馈后，真正掌握该技术。

（三）拓宽农民信息获取渠道

农民获取农业信息的渠道并不多，主要包括三种：借助自己的人

际关系来进行经验学习、参加政府组织的宣传活动、关注媒体的各种相关报道。农民是科技传播的最终受益者，农民使用渠道的情况将直接影响传播效果，所以要尽可能拓宽农民获取信息的渠道，让农民自由选择。而网络媒体使农业新闻传播更迅速、更及时，使人们能了解的内容信息更多，纸媒的承载量有限，可网络无限，为每个人提供了发布消息的平台，使各国人民通过互联网自由地沟通交流，使农业新闻传播的范围和影响更广。

东北农业大学专门开设农业教育学院，对农业技术进行专门的推广，数字媒体技术也应用于农业中。以前，在进行农业技术讲解时，像在黑板上讲课一样，手写笔画地在平面上进行，现在可以利用PPT、动画、音频、视频等方式，使教学更生动易懂。而且农民在学习过程中，也学会运用这些基本的操作手段，既拓宽了自己的视野，又提升了专业本领。教学内容也涵盖广泛，学习时间也大大缩减，可谓一举多得。

像此类渠道还有很多，比如开设农业科技网络书屋，还有开展手机科技短信服务等。传统媒体时期，农民获取信息的渠道，只靠面对面的教授或者查阅一些报纸，再好一点就是观看电视，但是这些内容又不会正好是农民亟待解决的问题，这些传播渠道往往存在局限性。如今迈入了网络时代，农业的传播手段与其结合起来，传播方式变得多元化，诞生出许多以前意想不到的方式，传播渠道也更为广泛，不论是从一部小小的手机，还是庞大的数据库中，农户都可实时实地找到自己感兴趣的话题，不仅可以建立自己的人脉关系，遇到难题及时解答，而且还可以学习科学前沿的农业技术，并将其运用到自己的实践生活中，提高农业生产水平，促进农业的现代化。

（四）促进农业科研与生产发展

其实，农业科技传播的作用是一脉相承的，农户的科技意识一提高，学习到了先进的农业技术，农业的科学研究和生产发展就会越来越好。推进农业的信息化，有助于农业的现代化建设，而农业的信息化需要借助网络媒体的渠道来促进。随着网络时代的发展，各种各样的平台应运而生，有关农业的平台也遍地开花，农民获取信息的渠道更为广泛和多样化，解决问题的方法和时间更为正确和快速，加速了农业的科学研究，促进了农业的生产发展，加速了农业的现代化。

在传统时期，农民种地全靠经验和传承，并没有一套专业的模式来进行学习。如果出现天灾人祸，人们也没有能力抗衡，遇到问题找不到更先进的方法解决，农业产量和收入就会大大减少。这就表示在传播农业科技的过程中出现了零散化的问题，出现了延误，导致农业的科研并没有形成完整的一套系统理论。现在随着传播渠道的拓展，农业科技传播在网络媒体中充分运用，农业技术研究人员在进行一个项目的研究时，研究周期就会缩短，研究者利用各种信息技术来完善自己的研究计划，以此来完成农业技术的科研。有了详细的农业研究结果，农户便可加以运用，解决过程中出现的棘手难题，使农业生产过程更加顺利，农民在实践中也可以学习到更多的知识，不仅能提高对网络的认知度，还能提高自己的科技意识，慢慢地就会形成自己的一套系统理论，在农业实践中加以运用和不断改善，最终形成农业方面的科研成果，成就良好的农业生产和发展。

第四节 网络媒体农业科技传播的现状及问题

一、网络媒体农业科技传播的 SWOT 战略分析

（一）网络媒体传播农业科技的优势

1.打破时空界限的信息整合功能

网络媒体是一个巨大的信息集聚平台，其储存能力远不是传统媒体所能比拟的，并且其信息具有公共性，可以任公众分享。公众只要通过一种媒介就可以接受所需的多种信息，并且可以无限次地下载，下载不受任何的限制，可以方便获取科学有效的信息。而手机报、手机短信与传统媒体科技是新世纪应运而生的新事物，只要人们拥有一台手机，进入互联网就可以了解到自己想要的信息，可以随时随地地了解相关资讯。随着移动运营商资费的下调和移动智能终端的发展，手机、手环、平板电脑等智能设备的广泛运用为信息传播扩宽了道路。

网络媒体比之传统媒体的强大信息整合功能还在于庞大的信息量，传统媒体(如书、报等) 受物质条件限制，信息保有量十分有限，信息的丰富程度匮乏，无法满足公众的信息获取需求。网络媒体打破物质传播信息的承载界限，海量的信息在网页中呈现，供公众选择，其进步意义不言而喻。

2.迅捷的信息搜索功能

传统媒体中，公众要查找自己所需的信息要通过查阅书报的目录，再通过手动翻阅才能找到，且有些信息并不见得能在一次查阅中收集到，烦琐的信息查阅过程为公众的信息获取带来了极大的不便。

网络媒体的优势是其他传播渠道无法比拟的。如在查询相关的科学问题时，仅需快捷键输入查询的相关信息，随即会出现海量的信息，任公众自由选择，任何信息都可通过互联网的形式展现出来，网络媒体所独有的特性受到了大众的喜爱，节省了大量的时间，提供了便利。

3.全天候的交流反馈能力

网络媒体传播还有一个显著优势就是全天候的交流反馈能力。使用传统媒体时可以发现，公众对某一刊物有交流、投稿等需求时，需通过投递信件的方式进行来往，并且喜好同一刊物的读者没有可以一起交流沟通的媒介平台。网络媒体在每一条信息内容的下方都设有网友评论区，浏览过的公众都可以发表自己的意见，同时通过论坛的方式，让拥有共同喜好的公众可以一起探讨。

（二）各媒体类型传播农业科技的劣势

1.文字媒介传播渠道有待改善

由于我国农民文化水平有限，对以文字为主要传播媒介的信息的获取能力较低，导致农民对农业信息的理解不透彻，易形成信息不对称，再加上我国农村没有良好的基础设施，没有图书馆、阅览室等相关的设施，同时受生产生活习惯的影响农民也没有长期阅读的习惯，文字信息传播并不能完全达到农民获取信息的要求，使文字信息在传播的过程当中没有达到预期想要的效果，影响到了文字传播功效。另外，由于部分的媒介工作人员在工作的过程当中没有履行好工作职责，使信息严重失真，浮夸的广告漫天飞，使农民受错误信息的引导造成财产损失。

2.电视媒体传播信息受限、公信度受损

在农业科技知识传播方面，电视的功能是非常重要的，电视所具有的直观性使农民容易理解。然而，农业频道传播的信息依然不能满足农民的需要。首先体现在信息的有限性上，我国地域广阔，各地的农业生产有不同的规律，有限的信息不能满足广大农民的具体需求，某一成功的农业经验模式并不能在全国范围内铺开，农民只能"望梅止渴"，满足不了当地的实际生产条件。其次是电视传播中的信息失真，对某一成功的经验模式进行夸大宣传，导致农民盲目效仿。近些年来，由于电视媒体的商业化较为严重，一些农业频道的相关节目，并不是真正意义上的为农民服务，更是一种商业化的状态，导致电视媒体的公信度受到了农民的质疑。

3. 网络信息泛滥、失真、恶性传播

网络媒体的优劣势都十分明显，超量的信息既是好事也是坏事。大量信息缺乏真实性，误导公众舆论，针对一些社会影响大的事件，不法分子利用网络媒体传播有损公正、颠倒是非的言论来引导公众的情绪，让事件的真相湮没于舆论之中，造成严重的社会影响。公众接收信息无法判断其真实性，往往受到错误信息的影响，作出错误的判断，影响生产生活。

（三）网络媒体传播农业科技的机遇

自20世纪80年代以来，中央发布的若干个一号文件表达出对"三农"的重视。现代化农业是我国农业建设要求和发展方向，从中央到地方各级政府机关都迫切关注农业的发展，提出了一系列政策措施，例如"科教兴农""加快城镇化建设进程"等。政策的制定实施是农业发展的有力保障，加快农业科技传播成为各级政府工作的重点，例如新开展的"农村党员干部现代远程教育试点工作"，已经开通的农业科技服务直通车，对农村干部进行网络远程培训等。农业农村部也借助多种网络媒介向农民传授农业新技术，这些都推进了我国农村经济的加速发展。

（四）网络媒体传播农业科技的挑战

现今的农村地区，传播媒介的缺失现象仍然严重，市场经济为主导的经济环境下，大众媒体依赖广告实现赢利，市场竞争使得传统媒介必须寻找有生存空间的方向。尽管农村人口在我国总人口中占较大比例，但整体消费水平较城市仍存在差距，并且贫困现象依然存在，全面脱贫还需要时间。农民的需要受经济影响并不能形成有效需求，供给也就无法保障，各种媒介在农村地区的扩散依然艰难。加之农村基础设施薄弱，为媒体进村增添了难度。与此同时，大部分的农业科技类媒体还存在资金获取困难的问题，它们面临着生存危机，根本无法持续地提供有效的农业科技知识。电视上现存的农业科技节目又严重缺乏专业性和针对性，粗制滥造，使得农民无法形成观看习惯。农业科技传播人才严重缺乏，缺少既懂得农业科技信息又了解传播知识的复合型人才，严重影响了传播效果的发挥。

二、网络媒体在农业科技传播中存在的问题

（一）农户对网络媒体的认知度低

在传统农业时期，农户几乎没有接触过网络，而仅仅通过传统的渠道来进行传播和接收信息，长此以往，农户已经习惯了这种方法。当出现新生事物时，人们有个共同的特点，就是出现抵触心理，具有怀旧心理，认为旧的总是好的。所以当网络媒体出现时，农户并不了解和熟悉它，并没有很强的认知度。还有一方面就是，相对于城市居民来讲，农村居民的见识没有那么广、文化水平较低，对于网络媒体的认识产生延迟，短时间无法认识到它的强大，也没有加以利用。

与传统的电视、报纸、广播等媒体一样，网络媒体也是传播信息的重要渠道，是交流沟通与传播信息的工具和载体。但不同的是，网

络媒体的传播范围更广，更具开放性和灵活性，它具有一般媒体所没有的优点。当代社会网络媒体的应用越来越广，发展速度越来越快。以后的社会将是互联网媒体横行的时代。未来的社会将是以互联网为媒介的时代，但是现阶段农民对于网络媒体的认知度却很低。根据一些学者的言论，我们可以看到这样一种现状：网络媒体在农业和农民生活中的作用越来越大，但是农户却没认识到这一点，特别是中老年人，这主要是由于经济收入、文化程度、思想观念、职业水平等因素导致的。

对此，对网络媒体在农业科技传播中的建议有以下几个方面：一是政府通过外部支持使农户主动地接触和使用网络媒体。首先，通过宣传使农户了解、认识互联网等网络媒体，在村里设立互联网宣传室，让农民主动参与。其次，在决策时让农民学会应用网络媒体。再次，对农民进行指导，将网络媒体应用到实际生产生活当中。二是国家和当地地方政府要给予政策和财政支持，坚持落实。三是网络媒体要不断改进实际内容和形式，以适应农民的实际生活和生产需求，搞好农村信息开发应用；建立相关农业网站，政府要及时把政策和信息发布到网站上，做好手机信息的交流；有关部门要做好网络媒体的过滤和处理，避免不良信息，提高其"防腐能力"。

（二）农民科学文化素质不高，制约信息的有效获取和利用

由于禀赋条件以及生活条件的差异等，与城市居民相比，农村居民的科学文化素质普遍较低，因长期务农，信息封闭，不懂得如何获取外界的信息和利用有利条件。就算借助于传播渠道来获取科学技术知识，也仅仅停留在旧传统媒介时期，固定的时间接受着固定的知识，当出现意外情况时，便不知所措。当出现新兴的网络媒介时，就算生活水平好和收入较高的农户率先接触了网络生活，却因计算机知

识有限而止步于学习新型渠道，他们确实不知如何下手，不知道如何运用庞大的网络来获取有用的农业科学技术知识，利用自己的优势条件促进农业的科研与生产发展。

科教兴国告诉我们，一个国家的富强与科技和教育息息相关。随着时代的进步，科技成为我们生活的重要组成部分，科技在农业方面也起着关键作用。举一个简单的例子，袁隆平的杂交水稻之所以产量高，靠的是能够跟上科技的潮流，充分利用现阶段科学技术。但我们也不得不思考一个问题，为什么现在科学发达了，大多数的农作物还是没有高产呢？为什么农民辛苦一年又一年，收成还是不理想呢？科学家们给予了我们高端的生产方式，研究了一系列的生产设备，可农业还是落后，研究表明，大部分农民都属于低学历者，他们进行农业生产，靠的是父辈们留下的传统生产方式。而现今的高科技生产科学技术他们也只是道听途说了解一点，自己从未深究。因为他们的学习能力有限，导致他们科学文化素质不高，知识更新缓慢，农民们不知道如何去了解新技术、掌握新方法、获取发展现代农业所需的信息，这也正是现今网络媒体在农业科技传播中遇到的问题。要想农业发达，首要解决的是提升农民的科学文化素质。

（三）缺乏农业科技的专业人才

中国现今的专职农业技术人才太少，并且水平普遍偏低；兼职的农业技术专业人才水平足够高，但是队伍不稳定，这局限了网络媒体在现代农业中作用的发挥。由于基层农业科普人才的短缺，研发、推广等环节通常是断链的，传播更是无从谈起。网络媒体传播技术人才的招募无疑是当务之急，但是目前我国的农业推广科普人才的选拔、招募、培养等体制依然不健全，机制不完善，快速及时地解决科普人才的匮乏问题更是无从谈起。解决人才匮乏问题仅仅依靠农村本土培养起来的人员往往也是有心无力，因为本土人员大多有足够的农业专业知识，但对于网络媒体的知识通常非常匮乏，导致普遍缺乏专业的网络媒体传播农业技术人员。在基层走访时随机对基层农业技术站的工作者进行了访问，第一位是当地农业协会的男性技术人员，50岁，大专文化。这位访谈者表示，他在基层工作了30多年，对于农业方面的技术相当熟悉，但是苦于对网络的不熟悉，好多好的想法无法传播出去，对于前沿农业技术的学习也受到了限制。虽然目前正在学习相关网络知识，但是由于各方面原因进展缓慢。所以他十分希望能够招到一名既熟悉网络技术又懂得农业技术的人才，但是要招到这样的人才太难了，即使有这样的人才，大多数也不愿意留在农村。第二位是当地农业技术站的女性工作人员，35岁，大学文化。她表示目前对于网络的了解停留在上网购物、聊天的层面，至于网站、网页开发维护等完全不懂。现在她正在积极地学习网络知识，但是涉足一个完全陌生的领域耗费了她很多精力，已经影响到她正常的工作，她现在也希望能够招到既懂农业技术又懂网络媒体技术的人员来解决目前所遇到的困难。

还有一个重要原因就是农村的人力资源持续性流失。由于我国长期的二元结构，导致大量农村人口涌入城市。就目前来看，城市的社会公共服务、基础设施、医疗卫生以及子女教育等各方面的条件优于农村，导致农村人力资源向城镇转移。这也是导致农村缺乏专业网络媒体传播者的重要原因。

因此，目前我们迫切需要既具备网络知识又具备农业知识的综合性技术人才。事实证明，单靠地方政府的力量是不够的，国家应积极地给予支持，呼吁广大的专职、兼职人员和志愿者们积极参与到农村科普队伍中来，尽可能地提供有利的优惠政策吸引农业科普人才资源到这里发挥自己的作用，实现自己的价值。

（四）政府对农业科技的资金投入不足

研究农业科技需要投入大量的人力、物力、财力，为了满足农民的需要，需要增加相应的设备，但是这需要很高的成本投入。由于网络媒体具有很强的公共品特性，这就需要国家财政的大力支持。但是我国对农业科技的投入还不到国家财政支出的百分之十，这也是网络媒体在农业科技传播中不能发挥其作用的原因之一。

（五）农户对网络基础设施的购买力低

不只是政府对网络媒体的财政投入小，对于农户自己来说，仅仅是网络的安装费就是不小的数字，更别说还有每年需要额外支付的网络费用。虽然网络媒体具有传播速度快、传播面积广等优势，但农民的经济实力不足以支撑起这种传播方式。在我们的走访调查中，大多数农民表示支付不起昂贵的安装费用。还有一部分农民表示能勉强接受网络的安装费，但是上网的费用却要另外支付，很不划算，并且自己并不是时时刻刻都在上网，却时刻在交费用，所以不能接受这一点。还有一个问题就是，目前农村安装网络的用户很少，这就增加了装网户的支付负担。所以，就目前的情况来看，只有尽快实现网络村村通、户户通，逐步引导农民认识到使用网络的好处，刺激农民使用网络的欲望，才有可能将网络媒体在农业科技传播中推广下去。

走访过程中，我们随机对一位村民进行了访问，该村民是一位66岁的男性农民，小学文化。通过交谈得知，他一直种地为生，并没有系统学习过网络，生产经验只是来源于家人的耳濡目染以及个人日常的种地实践。该村民认为网络是高端的东西，但和种地毫无关系，并且种地也没有必要学习电脑，自己没有学习电脑一样可以把地种好。最重要的是费用太高，消费不起。该村民觉得家里有电视，一样能够坐在家中遍知天下事。通过对这位村民的访谈，我们可以看到网络媒体在农村还未得到广泛的认识，人们并没有使用互联网的意识，更不用说通过网络学习农业知识。而网络媒体在农村推广缓慢的最大原因还是费用太高，部分农民目前还不具备购买能力。所以，要解决这一问题先要提高农民的经济收入。

第五节　促进网络媒体传播农业科技的建议

通过基层的走访了解，我们获知大部分农民对于网络媒体的认识还处在初级阶段，并没有将它与自己的生活联系在一起，并且对网络媒体缺乏信任，同时农民自身素质不高也阻碍了对网络媒体认识的步伐。对于以上这些问题，我们提出了以下几点建议。

（一）加大宣传力度，提高农户认识水平

加大宣传力度，提高农户对网络媒体的认识水平。我们要充分利用目前已经在农村得到广大农民认可的传统媒介和大众媒介的力量，将网络媒介逐渐带入人们的视野，让广大农民慢慢接受。从目前的情况来看，首先，电视这类大众媒介是广大观众信赖的，并且是农村传播信息的主流媒介。其次就是板报、杂志、报纸等。我们可以在这些被广大农民群众信赖的媒介上植入我们要宣传的网络信息，让人们对于这些新鲜的事物逐渐从陌生到熟悉再到了解。让农民通过他信赖的媒介认可新鲜的网络媒介比我们去宣讲的效果会更快更好。

其次，要想方设法地提高农民自身的文化素质，增强大学生服务农村的意识。农民自身的素质问题是推动农村发展的一大障碍，这一

障碍不仅仅对网络媒体的推广产生影响，还影响到对于新鲜事物的理解与接受能力，改变对一些事情的思维方式。只有农民有了一定的文化基础才能更容易理解新文化和最新知识。根据我们的走访发现，农民对于大学生村官还是非常信任的，一方面农民家里可能本身就有大学生，另一方面也是对于知识的尊重与崇拜，让多数农民愿意听从大学生村官的建议。这样的情况下，大学生村官可以利用农民对他的信任，在帮助农民的过程中将网络媒体推荐给农民，这样农民的接受速度更快一些。这样既解决了当下的问题，又为以后更好的发展打下了基础。

（二）提高农民的科学文化素质，完善农民获取网络媒体的信息渠道

首先，要加强对农民网络信息技术的培训。农业科技的传播离不开网络媒体，网络媒体的发展离不开互联网，所以提高农民自身的科学文化素质不仅有利于农业科技的传播，更有利于互联网在我国的发展。众所周知，我国是一个农业大国，农村人口占据总人口的 2/3，只有真正提高了农民的素质，提高了农民接受网络媒体的能力，才真正地向互联网全覆盖的目标更近一步。

其次，要完善网络基础设施建设。目前，我国农业科技信息技术推广所需要的基础设施极其不完善。农村上网率低，导致少数愿意上网的人要承担更多的基础设施铺设费。

最后，我们应该着重寻找既快速又高效的农业科技传播渠道。目前，世界上许多国家为农业科学技术的研究投入了大量的资金，成果也居世界前列，市场潜力巨大。然而我国的基本国情是，人口基数大，农村人口比重大，并且是精耕细作的小农经济、分散经营。就目前情况来看，短时间内很难形成大的规模化经营。因此，我们要因地制宜，找到适合我们自己的办法，研究如何开发新的技术成果，才能更加高效地利用网络媒体来达到农业科学技术传播的目的。

（三）引进和培育专业科技人才，完善人力资源体系

推进科学技术在农业产业的发展不能仅仅依靠农村本土培养的基层干部，应当积极引进外来人才。网络媒体在农村推广困难的一个重要原因就是农民对其认知度太低，我们应该努力提高农民对于网络媒体的认识程度，大胆引进大学生村官，鼓励全职、兼职的高校师生走进农村，开展网络媒体基础知识培训，通过建立村民对于大学生的信任，将他们更快地带入网络媒体快速发展的轨道上来。同时政府也应对高校技术人才进驻村庄的行为给予相应的鼓励，一方面鼓励更多的高校高知识人才入驻村庄作贡献，另一方面给村民吃一颗定心丸，让他们看到国家对于网络媒体这个新事物的支持，有利于农民更快地接受这一新事物。

要长久地促进网络媒体在农业科学技术推广各方面的作用，光靠零零散散地引入人才是远远不够的，要建立专业的农业科学技术推广系统。政府应该给出明确的优惠政策，提高基层农业科技站工作人员的待遇，给予愿意进驻农村作贡献的高科技人才以回馈，积极和相关农业高校建立人才交流合作项目，既能给大学生一个社会实践的机会，又能给需要技术的农村带来活力。政府也应该投入更多的资金在高校的农业科技研究项目上，同时激发民间资本的活力，加快农业科技成果转化为生产力的速度。

（四）增加财政投入，提高网络媒体在农村中的使用率

目前，网络媒体在农村推广举步维艰，主要是因为农民对于互联网的需求太少。对于这个问题，国家应增加财政投入，由政府牵头广建网络媒体公共设施，减少农民使用网络需要承担的费用，把阻碍网

络媒体在农村推广运行的经济压力搬开，给农民选择的空间，轻松地学习网络媒体的知识，让农民逐渐认识到网络媒体的不可或缺性。同时由于农民文化基础差，当地有关部门应定期开设网络媒体培训课，鼓励农民多多提出自己的看法。政府增加一些优惠活动，鼓励农民主动运用网络媒体去解决问题，这样既学习了网络技术，又为以后的发展打下了基础。随着农民对网络媒体的需求越来越多，农民对于网络媒体的购买欲望就会逐渐增强，这就达到了促进网络媒体在农村发展的目的。

（五）推动农业科技传播产业化，提高网络媒体效率

目前，运用网络媒体推动农业科技传播并没有起到应有的效果，要解决这个问题，就要推动农业科技信息传播产业化发展，这样就能够提高网络媒体的效率。我国人口众多，并且全国 2/3 的人口都是农民，要想在广大农村地区实现农业科技信息产业化，需要的资金投入太大，仅仅靠政府的财政拨款是远远不够的。这就需要农业科学技术推广的市场化，借助社会资金的力量建立健全农村网络媒体的基础设施，实现农业科学技术在农村的推广。现在互联网已经普及全国，这也就意味着有更多的可能，政府应加强监管力度，防止垄断等行为发生，起到政府应有的责任。鼓励拉动网络平台联动推广，加大对农业科技信息设施的资金投入，使先进的网络媒体技术得到更好的推广。随着使用网络人数的逐渐增加，对处理器硬件设施的考验也逐渐增强，由于使用人数过多可能会出现卡顿的现象，这也会带来诸多不便，这就不得不考虑投资升级是一次性到位更好，还是逐步升级更好。

（六）增加农民对网络媒体的信任程度，改善网络媒体的传播效果

要想增加农民对网络媒体的信任程度，首先要加强农业科技信息的监管与评估。为了达到利用网络媒体广泛推广农业科技信息技术的

目的，政府应建立相应的农业科技信息监管与评估系统，明确农业科技信息网络媒体应监控的信息，保证网络媒体所传播的信息真实可靠，在人民群众里树立权威，让人们意识到看到的就是可信的，而不是使农民对平台毫无信任，即使浏览信息也只是看看而已。农民对网络媒体的信任度提高了，网络媒体对于农业科技信息的传播效果自然事半功倍。

要想增加农民对网络媒体的信任程度，在网络媒体运营的背后要有专业技术团队作支撑。首先，要有懂得农业科技信息的专家来把控推出信息的准确性；其次，要有懂得网络维护、网页维护并能不断创新网页设计的专业网络维护人员；最后，对于要发出去的信息，我们在发出之前要认真核查，发出去之后要密切关注评论及时收集反馈信息。同时还要加强信息库的建设，这样才能让有需要的农民有渠道可以查询他想要获得的信息，节省了到处搜寻然后再慢慢筛选的时间。

农业信息传播是发展农业的重要环节，同时也是决定农业发展的重要因素。农业信息传播针对的是"三农"，通过农业信息传播，转变农民的思想观念，以推动农村社会的发展。良好有效的农业信息不仅要及时地传递给农民，还要及时地汇总。

与国外相比，我国目前的农业科技信息还处于初级阶段。我国要想跟上国外农业科技信息的步伐，必须要大力发展网络媒体，将网络媒体与农业信息相结合，用网络媒体的技术将农业信息传播出去。随着互联网的快速发展，农民对新事物逐渐熟悉与接受，且越来越渴望。传统的农业信息传播已经满足不了广大农民的需求。以网络为载体的网络媒体已经慢慢渗入农村，逐渐成为新时期农业信息传播的主体。随着网络媒体的出现，农业科技传播迈入了新的台阶，农民逐渐地走向了互联网时代，农村的发展也越来越离不开网络媒体传播手段。

我国是一个农业大国，运用网络媒体传播农业信息在现如今十分普遍，也是未来发展的必然趋势。以互联网为载体的网络媒体为农业科技的推广提供了很多便利，但是，在农业科技信息的传播过程当中，网络媒体也存在弊端。

我们应该辩证地看待网络媒体技术在农业科技信息传播中存在的问题，同时，还应积极地发挥好网络媒体优势，让优势部分能更好地服务于农业。要提高农业技术人员的文化素质，建设一支高素质的专业的农技推广建设队伍，政府不仅要对农村的网络媒体提供财政支持，还要提高政府的监管力度，以更好地服务于农村（王希贤，1982）。

总之，网络媒体在发展的同时也带动了农业科技信息的发展，使农业科技信息传播迈入了一个新的台阶。虽然目前我国网络媒体传播农业科技的技术尚不成熟，但是，有政府的支持，农村的网络基础设施一直在不断完善。在此背景下，我们需进一步提高对网络媒体的认知水平，从不同的角度进行研究和分析，从而解决目前农村运用网络媒体于农业技术推广中存在的问题。

第六节　微信平台在农业推广信息传播中的应用研究

一、微信平台与农业推广信息传播

从当前发展情况来看，"三农"问题已成为限制我国农业经济发展的主要因素，推动与发展农业现代化是解决该问题的主要途径。农业科学技术的推广和有效传播是实现农业现代化的关键所在，这就对新媒体技术应用提出了更高层次的要求。

李克强总理在 2015 年提出了"互联网 +"的行动计划，互联网一体化正逐渐被大众认可。现代社会的发展离不开互联网。"互联网 + 农业"是指将农业与互联网结合，为农业的发展与创新开拓了一种全新模式。发达的互联网为农业发展带来极大便利，大数据技术也可以推动现代农业的发展，将农业信息和互联网充分结合，有利于吸引农业投资者和从业人员投身于农业中，加快与优化农业产业结构发展。在"互联网 +"的影响下，传统农业向现代农业的转型就必须搭乘科学技术快速发展的高速列车。在今天，中国经济结构正在转型，增长速度也在放缓，人们的消费水平与需求发生了翻天覆地的变化，传统农业的改革也迫在眉睫，这也充分证明了搭上"互联网 +"这趟包含现代技术的高速列车的必要性，为中国农业在未来的发展道路指明了方向。

手机上网的主要方式是利用其中的一些软件，微信就是其中之一，微信已经逐渐成为现代社交的主要方式。微信作为一种社交软件，可以发送文字和图片、语音、视频通话、设置朋友圈等，给我们带来了很大的便利。微信已经从一个简单的社交通信软件覆盖到很多领域，转变为一个平台式的应用软件，其身后隐藏着很大的社会效益和驱动力。如何将微信在农业信息传播的过程中充分利用，实现农民、农产品和微信公众平台之间的无缝对接，让农业信息传播更为迅速与流畅、农户体验更完整与满意，需要国家和政府以及互联网公司等各方的共同努力。

"三农"问题历来都是我国农业发展的核心问题，解决问题的关键就是加快推动农业产业现代化。在现代农业发展信息化的进程中，农业推广的信息传播扮演着不可或缺的角色。笔者以山西省岚县为例子，通过对国内农业推广的现状研究，将我国农业推广体系信息传播方式与发达国家之间的方式进行充分比较，分析微信公共平台相关功能在农业推广信息传播中发挥的实际作用，通过实地走访并且了解当地农民最需求、最关心的问题，帮助政府更好地利用微信，也能对农业推广信息传播的内在机理有充分了解。这对于推动农村经济的整体繁荣与发展，提高农民生活质量和幸福指数，改善民生，提升农民的文化素养与思想品德，为建设中国特色社会主义新农村提供了理论基础并发挥了举足轻重的作用。

我国农业生产现代化发展的步伐正在不断加快，较为传统的农业信息传播方式已经无法满足现代农业生产发展的要求，也不能适应农业经济结构转型和改善农民经济情况的需要。所以，挖掘农业信息化潜力必不可少，应对农户开展信息传播的思想建设工作，提高农业信息传播的速度和数量。因此，微信公众平台信息传播方式在我国农业领域的广泛应用和普及具有深刻的理论和现实意义。

二、信息传播在农业推广中的应用现状

我们需要深入了解并整理出农业推广和信息传播两个方面的共同点。通过问卷调查，确定了山西省岚县农业信息传播的情况，分析该地区农业信息传播的缺点，其中包括传播方式比较单一、基础设施建设不完善、农业人才流失严重、农民对农业信息传播重视程度不够等。我们要借鉴日本农业和美国农业推广信息传播的方式，指明我国农业信息化传播未来的方向。

（一）相关概念

1.农业推广的含义

传统意义上的农业推广是指对农民、农场进行的推广工作，其目的是实现农村社会教育、提高农民收入和生活水平。

现代意义上的农业推广是指通过专业农业推广人员对农业科技的转移和对人民需求的正确认识，让信息科学技术一体化成为一个动态的教育过程，促进经济发展。

2.农业信息传播的含义

信息沟通是一个动态的过程，大多数用户从负责管理所有信息产品的部门获取信息，它可以促进信息科技向生产力转化，大幅度提高人们的信息技术水平。农业信息在农业生产过程中对农业生产者发挥作用，对农业生产和经营起到促进作用。在农村地区组织开展传播工作，农业信息接收对象主要包括农业生产者和农产品经营者。在互联网的时代下，农业信息通过信息传播系统得到有效传播，使得农民在农业生产和农产品管理上有了便利条件，与此同时还能拉动农民的消费。本节结合实际情况，将农业信息传播的过程认为是农业信息的运动和扩散传播给农业生产者和经营者的动态过程。

3.农业信息传播与推广

农业信息传播与推广离不开新媒体技术领域，有利于促进农业发展。积极吸收国外先进的理论制度和全新传播模式，能够提高我国农业传播水平。在许多发达国家，农业信息推广的方法和理论学习已成为农业科研单位和农业从业人员重点研究任务，例如美国、日本等发达国家探索出的适合本国国情的推广模式，因此，其信息推广工作和技术都处于世界先进水平。

（二）国内外农业推广体系信息传播模式

1. 美国农业推广的信息传播状况

美国的信息技术水平全球领先，其农业信息技术应用广泛。充分利用卫星和探测系统、地理坐标信息系统和技术，可以改变农作物生长的环境和要求。在如此发达的信息传播技术时代，农业生产者和经营者可以实现机械化和自动化的生产，主要依靠计算机对农业生产的全部流程进行主导控制，例如通过卫星实时监测，利用计算机程序解决土地耕作、农作物播种、农田灌溉等一系列生产流程。美国农业信息推广是三位一体的全新模式。这种模式依靠农业研究所负责的农业信息收集与推广工作，由多所大学农学院教授组织开展工作，并由其他相关学科专家组成推广人员队伍。此外，美国还建立了许多县级农业推广站。农业推广人员主要由农业大学师生担任负责。美国财政拨款政策跟我国有很大的区别，加上来自美国国内许多社会组织的支持，农业推广人员的福利待遇普遍较高，推广设备领先全球，这也确保了美国农业推广工作的顺利开展。美国农业推广系统也为农业生产者以及生产人员提供多方位服务。根据广大农业生产者的实际需要，农业推广人员的安排和就业非常严谨，他们的推广内容包括以下四类：一是农业生产与市场科学技术类推广项目。该项目是农业生产者在从事农业生产的过程中充分利用先进的科学技术和装备，运用与农业生产相关的管理知识，确保农产品质量和数量，降低农产品生产投入成本的同时提高生产率，提高收益，是提高国内外市场的竞争力的重要途径。同时，根据外部市场需求，进行对外贸易出口和安全生产与作业等领域的培训。二是充分合理利用农业土地资源和农业政策类推广项目。通过健全法律法规体系，引导农民合理使用土地资源，坚决杜绝任何污染环境的行为，以保护生态环境，促进农业资源的循环利用，合理进行科学投资，整合稀有资源，减少化肥和农药在农业生产中的过度使用，保护水资源，完善农产品的健康保障体系。三是开办农村青年俱乐部。创造积极良好的学习氛围，理论知识和实践能力不可偏废，需要同步提高，提高青少年的自控力及对公共社会事务的关心态度。四是鼓励家庭经济推广项目。通过对家庭经济的规划，提高农民的生活幸福指数和物质文化水平。

如前所述，美国在世界科技领域排名第一，电子信息产业水平也引领全球。将该项技术运用在农业生产领域中，农业发展水平在世界上取得了令人瞩目的成就，农产品的出口速度居世界第一，农产品的生产者、经营者和消费者高度依赖农业信息。美国还拥有健全完善的农业信息数据库，与此同时还建立了一系列数据库，包括海洋管理数据库、大气数据库、地质调查数据库等。美国国家农业统计局和农业部各司其职，完成农业信息传播的全部工作。

2.日本农业推广的信息传播现状

日本是一个重视科学的国家，对农业教育非常重视。在农业推广领域，日本始终将提升推广人员的素质和促进组织建设放在首位，鼓励农业从业人员参加职业培训，80％的农业从业人员接受过科学培训，文化素质相对较高。在促进组织建设方面，日本建立了"农业升级和促进组织"，主要组织开展农业推广工作，并以家庭为单位进行个体农业管理。同时为了给农业农村基础设施建设注入新的活力，农村专业协会主要提供技术指导和市场销售、生产，提供机械设备，为农民提供信贷服务的流动性支持和农民家庭经济、文化和教育方面的服务。在此基础上，日本政府高度重视农业信息网络建设，定期支付金融资金支持农业信息服务部门的同时，还提供免费的技术支持，农民买电脑会有一定的补贴，法律法规的颁布也为保护和促进农业技术的传播创造了良好的环境。此外，日本还建立了"网上超市"，进行农产品销售，日本的市场销售和服务体系、农产品生产数量和价格预测系统为农民提供实时农业信息，使其全面了解农产品的国内市场价格，以减少农民不必要的经济损失。日本在农业信息传播模式上的成熟系统和技术极大地促进了其农业的发展。

3.我国农业推广信息传播发展概况

近年来，我国形成了多种形式的农民合作组织，在农业发展中发挥了关键作用。与此同时，在教育领域，我国高等农业院校探索了许多创新的推广方式，比如大学生到农村下乡授业，对农业技术推广、农业现代化和农民的文化素质提升都起到了重要推动作用。随着我国农村经济和文化的快速发展，以前四级农业网络受到了严重的冲击，出现了一些令人尴尬的情况，如推广人员的业务知识薄弱、业务能力不足、晋升机制僵化等。总的来说，农业推广过程中存在三个问题：第一，服务功能薄弱，推广效率低下；第二，忽视农民文化素质的提升；第三，忽视农业技术职业教育的重要作用。岚县是山西省吕梁市农业经济发展的典型代表，以"生态特色、严密高效"的理念发展现代农业，大力开展农业特色化建设。政府支持措施是有效的，农业科技已逐步得到推广。因此，通过对岚县农业信息传播现状的分析，了解岚县农业信息传播的现状，对我国农业推广信息传播发展具有重要意义。

（三）农业信息传播的途径

人际、组织沟通和大众传媒是我国农业信息传播的主要途径。人际传播通过农业推广站、企业和个人间的农业信息流通达到信息传播的目的；组织沟通主要通过行政手段传播；大众传媒传播包括通过有线电视、广播、报纸、杂志、网络等媒体传播。随着现代农业科技的发展，农业信息传播方式更加丰富、先进，手机等即时通信新媒体也开始被农村地区广泛应用。农村合作服务组织和农村公共服务组织是信息组织传播的重要途径。农业部门按领导者可以分为官办型和自发型，而农村公共服务组织包括各级政府和相关机构。在农业信息传播领域，通过官方传播机制及时向农民提供相关的市场信息和参考是传播的主要途径，如农产品市场价格信息、预测分析报告系统信息等，官方媒体更具有准确性和权威性。目前，农业大学主要从事农业技术推广和农业技术科研等工作。根据实地考察，岚县农业技术推广站主要负责发布农作物栽培技术、时间、防治方法和其他农业信息，农业推广工作站人员与专门负责收集信息的村干部进行对接，乡村干部将农民遇到的技术问题及时反馈给技术专业人员，双方共同努力，构建一个基本的信息渠道，通过交流帮助农民解决技术问题。农业合作组织促进了农业组织架构和经济结构的调整，农民经济收入明显增加，增强了农业部门对投资风险的抵抗力。但由于农业推广组织人员互动频率还不够，内部合作组织仅与信息和技术交流有关，因此，在当前农业信息传播的情况下，岚县农业技术推广站作用没有得到充分发挥。

此外，农业信息传播组织还包括农业私营公司、农产品零售网点和个体户。这种企业服务内容主要包括基础设施和信息平台，传播的主要途径是传统的广播方式。在农村地区，负责农产品销售的个体商户也极大地促进了农业信息的传播，可以更及时地获得农业信息，并宣传和指导农民适时、合理地使用化肥和农药。

1. 农业信息传播的方式

我国的现代农业信息传播技术始于 20 世纪 80 年代，较发达国家起步晚。传播媒介是在农业信息的推广过程中对传播效果影响最深的因素，我国农业信息传播主要媒介包括公示栏、农业信息宣传册、农技员、广播电视、互联网等，丰富的传播方式极大地促进了农业信息交流和规划推广。根据调查，岚县的农民主要通过电视和村务布告栏获取农业信息。

村务布告栏主要以农户为对象，在实现人际交往的同时，促进了农业信息技术的传播。这是一种传统的信息传播方式，信息更新通常由村干部负责，可以用粉笔在黑板上书写，也可以在固定的广告牌上印制电子文件传单。通过走访发现，村农业信息简报宣传模式仍然留存在岚县村级单位，并为大多数的农民所接受，在当前形势下，村里公告信息传播在农村地区是一种有效的通信手段。但村里公告板面受布局和大小的局限，对出版公告的人员提出了更高的质量要求和个人责任感，如果不能及时更新信息，可能导致农民不能及时得到重要的信息，因此，农业信息传播过程中的村级布告栏只能发挥辅助作用。20 世纪末，中国有线电视业务蓬勃发展，为农业信息传播奠定了坚实的基础，农业信息在农业频道定期播出，如 CCTV "关注农业" "科技苑" "三农" 等电视栏目，农户主要通过电视了解到最新农业信息。电视作为大众传播的一种手段，其所传达的信息和理念更容易被百姓接受，大众媒体的加入优化了通信环境，扩大了农村公共信息空间，促进了农业信息良性循环，并培养了百姓关心公共事务、积极参与政治的好习惯。传统的传播信息的途径（如广播、报纸、杂志等）是获取信息的重要媒介，报纸杂志易于保存记录，在互联网信息时代到来之前，是农村地区主要的农业信息传送方式，同时收音机因其价格低廉、便携，在农村也很流行。

2.农业信息传播存在的问题

（1）沟通途径单一。我国农村地区农业信息传播主要依赖大众传播，乡村因其信息传播量比城市少，现代化程度较低，形式传统单一。农民在休闲娱乐、探亲访友、普通劳动中交流转移和获取农业信息，其内容传播相对较少，无法保证权威性和准确性，总体仍处于相对落后的水平。信息传播渠道的匮乏直接影响到农民文化素质、农业生产和农民收入的提高，阻碍农村经济发展与地区繁荣。

（2）缺乏基础设施建设。近年来，尽管岚县人民政府高度重视利用科技促进农业信息传播，手机、互联网用户和数字电视用户逐年增加。然而，在实地考察之后发现，基层农业推广站点和农民家中都缺乏必要的基础设施。由于农民缺少培训渠道，缺乏计算机的基本知识，通过互联网进行农业信息传播效率不高。同时，农产品销售模式传统，没有与互联网信息结合，个体农民还是依靠菜市场或者等待统一收购。

（3）缺乏农业信息普及人才。农村生活环境与大城市相比较差，政策方面也远不如城市那样吸引人才，工作在大城市的青年不愿意放弃城市生活回到农村，所以长期没有人才的农村地区很难得到发展。在岚县农业推广站，只有一名专业技术专员，农业技术推广远远无法满足农民的需求。岚县大部分村民是儿童和 50 岁以上老人，群众的教育水平不高。大部分农村地区接受知识能力强的年轻人常年在外务工，留守村子的老人和儿童对农业信息接受能力有限，这在很大程度上影响了农村地区农业信息技术的传播。

（四）国外农业推广对我国农业信息推广的启示

1.加强农业技术职业教育

农业技术职业教育在提高农业科学质量、农业技术应用和推广农产品方面起着重要的作用。另外，国外在农业职业教育方面的成功经验也是值得我们作为发展农业的一种基本手段学习的。农业技术职业教育作为促进农业产业发展和农村经济建设的重要手段，对解决我国"三农"问题具有重要现实意义。农业技术推广关键在于推广人员，因此必须加强农业推广人员的教育培养，使他们充分理解农业技术推广的价值，提高他们的专业能力素质，使他们成为"专家"，加快农业技术的普及，尽快实现农业技术推广价值。

2.提高农民的科学和文化素质

加强科学普及和宣传。定期组织农民进行专业培训，实施农业技术人员资格制度，培养"专业"农民；充分发挥组织、媒体、农民的推广作用；建立农业技术示范基地，相互交流。要坚持不懈地开展农民技术培训，发展农民智力，全面提高农民素质，培养一批能够掌握和运用现代科学技术的新农民，提高农业科技成果转化率，促进农业科技进步。

3.加强农业科技服务实体建设

培育为农民服务的相关服务组织，如农业科技公司、组织协会和产业示范基地等，提供教育和培训，鼓励建立业务实体、科技研发体系。重视龙头企业发展，夯实其基础。同时要完善晋升机制，从下到上，密切接触。现有的农业科技推广工作必须更新观念，加强联系，去科研部门、去农民朋友那里，推广应该深入农民，为农民创造条件。例如，可以根据市场经济发展的要求，组织农民到萧山的游学旅游，调整种植的方向和类型，利用技术和信息引导农民进入市场，参与和促进农业产业化。同时，尊重农民的经验，农民长期研究农作物、苗木等，往往可以获得更多的更切实的信息，可以及时了解种植的实际情况和所面临的问题，生产和生活经验的积累对于我们学习和研究农业技术具有很大作用。

4.发展和引导农业技术市场，规范农业技术推广市场

在市场竞争形势下，政府和农业服务部门要掌握农作物的市场状况，帮助建设农作物技术市场，促进农业技术传播，为农业研究机构、高校和民营科技企业的转型和市场化提供便利条件。

5.增加投资，建立监督机制

农业技术的推广离不开政府的监管，农业作为薄弱产业，需要更多的资金来建设发展，政府应该增加农业技术推广的物资投入和人员安排，只有增加投资，才能确保农业技术推广的具体落实。为了确保资金的到位，各级领导和工作人员应做好他们的本职工作。此外，应该建立监督机制，监督资金使用情况和人员工作质量，以确保其作用的充分发挥。

农业技术推广是一项长期而艰巨的工作。虽然，近年来农民和经营者都是农业发展的明星桥梁，但由于市场竞争日益激烈，经营者和农民需要学习新技术、新方法，以便获得立足之地，成为真正富有的农民，从而根本上改善农民的生活水平，促进社会的可持续和稳定发展。因此，必须坚持农业推广工作，为农民及时提供新技术、新思路。

三、微信平台的应用——以"岚县农业"微信公众号为例

在当前农业信息技术推广过程中有一些问题尚待解决，其中最主要的问题是如何将最新的农业相关信息有效地推广到基层的农业企业和农业种养大户中去，让他们能熟知这些信息并将其应用到基层农业中，发挥其最大的价值。通过对岚县农户的调查发现，农业企业和农业种养大户使用微信的比例较高，相比于种植散户，他们在平时也花费较多的时间关注农业信息。但是这其中存在一个问题，就是农户中

农业企业和农业种植大户占比不大，所以大部分的农户对于农业信息的了解与关注并不多，且关注农业信息的途径较少。农民获取信息的渠道较少且信息不流畅主要是农民的人际交往范围较窄、居住地方分散且交通不便利等造成的，而大部分农民的文化程度低，种植技术大部分来自实践或长辈的经验传授，导致他们不易接受新鲜事物。根据"知识沟理论"，人的理解认知和记忆能力会随着受教育程度的提高而逐渐增强，所以受教育程度越高越善于主动接受新信息，吸收更多的新知识。而在实地调查的过程中我们发现，大部分农民文化水平较低，这也直接成为他们获取知识的最大阻碍，尽管他们对网络有极大的兴趣，但由于自身水平的不足以及对新兴事物的恐惧，导致他们始终无法完全接近网络，失去了接受新知识的途径。

根据调查，大概有88.9%的农民使用智能手机，而仅有0.8%的农户没有手机。在调查过程中，经统计有超过70%的人曾关注过相关的农业信息公众号，有76.5%的人愿意关注"岚县农业"，来获取更多的农业资讯。随着互联网的快速发展，越来越多的政府也通过微信公众号的方式来推广政策和服务，所以使用新媒体信息传播方式，即借助微信公众平台推送农业信息，既顺应时代潮流，也能给大众提供便捷的服务。

（一）微信的优点

微信作为即时通信软件，其用户通过应用商店下载并安装即可使用，功能较为齐全，包括文字聊天、视频聊天、语音聊天等，还兼具社交圈等功能。另外，微信的漂流瓶、摇一摇等功能在用户交友交流以及获得信息方面也提供了极大的便利。不可否认微信平台与其他平台相比具有其独特的优势。

1. 与微博相比

(1) 信息发散性流动与点对点流动

微博信息发散状流动，微信信息点对点流动。微博的信息发布后，会经历一个相对较慢的传播过程，而当用户积累到一定数量的时候，就会出现一个非常快速的增长过程，这是典型的"蒲公英式"传播。微信更具有朋友圈子的特性，是个深社交的平台，用户发布的内容没有限制，影响范围主要是朋友圈，信息传播相比于微博更具有针对性，能够有效过滤垃圾信息。

(2) 微博是广传播、浅社交、松关系。

人与人之间不需要特定的关系维系，任何人都可以发表消息，任何人都可以旁听，你可以把消息传出去，也可以发表你自己的想法和观点。

2. 与短信相比

微信具有极低资费、跨平台、分享图片照片、移动即时通信等特征。同时，还可以显示对方实时编辑状态，做到实时了解对方状态。

与短信不同的是，微信主要通过产生的 GPRS 流量计费，由运营商收取。并且腾讯官方称，针对数据传输和网络通信进行了针对性优化，只会产生很少的流量资费。

微信可以通过语音图片等多种方式，来将所传达的信息表述清楚，相比于短信只能通过文字的形式传达内容，更能将信息传达到位，更具人性化，如表 2-1 所示。

表 2-1　微信与短信相比

名称	费用计算	表现形式	传达效果
微信	流量收费	文字、语音、图像	快捷且更具人性化
短信	资费固定	文字、图片	传达速度慢且不完整

3.与其他 App 相比

经过调查，一般应用软件的开发成本在 2 万—5 万元，开发的周期是 3 个月左右，App 的后期维护成本相对较高，应用的方式是通过下载安装包进行安装，其盈利方式是通过用户下载消耗流量，要想达到多数量下载从而实现盈利，需要在 App 开发完成后进行多范围的推广和营销，这就需要在后期投入大量的营销成本和推广成本，耗费一定的资金。这些应用在卸载后会在手机或内存卡中产生一定的残留，影响用户体验。而微信本身的传播范围已经覆盖全国，基本上已经进入了全民微信时代，国人认可度高，不需要再耗费资金进行推广，且技术相对来说比较稳定，后期的维护成本不高。

（二）微信应用

1.微信公众平台的建立

笔者与"岚县农业"微信公众号合作，通过对其团队成员的采访，深入了解微信公众号对于农业信息推广的作用。微信公众号推广信息的主要方式是给关注对象不定期地更新一些有关农业的文字或图片，以使得关注对象能够及时地了解到相关信息。其界面包括"岚县农业"和"他山之石"两个板块的内容。"岚县农业"主要由"岚县马铃薯"和"惠农信息"两块构成，由于岚县特有的土壤性质，马铃薯是岚县大量种植的作物之一，根据这一特点，岚县推出了土豆宴等农家乐的方式，推广本地作物和农家旅游的经济发展。这不仅能为当地的农民提供销售的方式和渠道，而且还可以让更多的人知道岚县特色，吸引更多的人前来参观旅游，带动旅游业发展，促进经济转型。"惠农信息"则将页面直接转到了农视网，更加方便农民了解农业信息，并且不需要再重新下载软件，这对于不熟悉电子设备操作的农民来说是非常方便的。"他山之石"这一板块主要是为了方便了解其他农业信息而设立的，不仅能让农民了解到最新的农业信息，还能让他们看到别的地方所使用的技术或方法，给他们以后的种植一些启发，同时还能为农民在农业种植过程中产生的一些困惑及时给予解答和帮助，另外，这个板块也给农民们提供了一个交流平台，在农特产品售卖的季节能够通过这个平台进行网络推广，避免在售卖环节因为信息不畅通而造成不必要的损失。

2.微信公众平台的推广

为了让农业推广更好地服务广大农民，利用新媒体让农户了解更多的农业信息，从而让岚县产品走出去，让更多的人了解到岚县的形象，我们主要设想了以下的推广方案。

（1）在推广过程中选择更实用的内容

为了增加公众号的关注度，首先，需要对内容所包含的范围进行定位。所推送的内容除了相关的、最新的农业信息，还要包括一些在种植、养殖过程中需要注意或新发现的使用技巧和知识，同时还可以包含一些比较有趣味并且贴近民众生活的文章。为了加深关注者的印象，提升农民的阅读兴趣，推送内容的过程中，要以图文并茂的方式，将图片穿插于文字之中，使得阅读者能够更直观地了解到相关的内容。

其次，对于推送的内容要重点筛选。根据问卷调查所得出的结果，选出农户相对较关注的农业信息，从而确定需要推送的内容。根据岚县人民政府网站的新闻，及时地将本地政府的政务新闻推送给当地的居民，同时使用简单易懂的文字进行编辑，不仅能够满足农民对于政府信息和身边事的兴趣，还能让农民有更多的机会参与其中，使他们对推送的信息产生更多的主动关注。此外，随着社会发展，人们物质生活水平也在不断提高，越来越多的人开始关注精神文明，农民当然也不例外，根据大家的需求，可以在微信公众平台上增加有关养生方面的健康小知识、生活技巧、沟通和教育等文章，让这些信息能够给农民的生活带来一些实实在在的帮助。岚县的特色产品是土豆以及由此开发的土豆宴，在土豆收获季节可以通过微信公众号宣传推广，吸引外地游客前来品尝，带动当地经济的发展，让农民的"钱袋子"真正地鼓起来。对于推广信息的发送时间，主要选择下午或晚上，这个时间段大部分人结束了一天的工作有空闲时间休息，从而保证推送的效果。

（2）利用线上渠道推广

利用互联网传播速度快、成本较小和受众范围广的特点，许多APP通过线上渠道推广其产品，增加受众范围。线上推广就是依赖一些有大量网民聚集的平台，例如百度贴吧、各种论坛、微博等，通过在这些平台上发布微信公众号的相关信息，吸引网民的关注，这种推广方式更为方便，且资金投入较小，一般可以取得比较好的推广效果。另外可以通过当地的电视或新闻媒体进行宣传，从而达到推广效果，还可以通过广场中的大屏幕宣传公众号，在人员较为密集的地方，会起到更好的宣传效果。而在实际的信息推广过程中，我们可以以各基层单位的QQ以及微信工作群为推广源进行公众号的推广。

（3）利用线下渠道推广

由于岚县农业是一个范围较小的公众号，其受众范围相对有限，主要集中于当地的居民，在线下推广过程中，需要利用团队人员进行一些推广活动。比如在公交站或广场等人员较密集的地方派发小传单或宣传展板，并有专人进行介绍，让民众了解到公众号的信息，从而添加关注，达到更好的宣传效果。同时，在经费允许的情况下，可以适当进行小礼物的赠送，增加民众关注的热情。

（4）通过开展活动增加关注度

策划活动可以选择线上及线下两种方式进行。而通过互联网进行的线上活动成本较低，投入较少，且筹备时间较短，适合这种公益性的公众号传播推广。"岚县农业"公众号可以利用岚县当地的特色产品——土豆进行相关的推广活动，比如可以评选岚县土豆宴中最美味的一道菜，再利用微信公众号进行投票，后期也可以与岚县政府合作推出最美风景的评比活动，从而加大宣传力度。通过这些评比投票活动，可以快速增加粉丝，覆盖当地更多的人群。同时在这个活动宣传过程中，对岚县当地的地方特色进行了推广和宣传，不仅可以提升"岚县农业"微信公众号关注度，还能够将岚县其他特色项目推广出去，推动整个地区的经济转型和发展。

微信公众号"岚县农业"的建立，是将农业科学技术传播和新媒体结合起来，通过这种新兴的方式发展现代农业，让农民从"面朝黄土，背朝天"中解脱出来，了解到更多的新信息核心技术，并应用于农业实践之中，发展新型、现代化农业。通过微信公众号，农民随时随地打开手机获取信息，方便快捷，不仅将更多的信息传递到农民手中，打破之前农业信息传播滞后的瓶颈，让农民看到更多不一样的世界，也给一些农技人员传授或分享农技知识提供了一个平台，大大提升了农业信息的推广效率。作为公益性质的公众号信息推广平台，不以营利为目的的"岚县农业"能够更纯粹地为当地居民提供更有效的信息，通过微信公众平台为农民提供服务，更快速地传递农业信息并且能最大限度整合农业资源，为农民带来更多实惠。

四、微信服务在农业推广信息传播中的优势和对策

（一）微信服务在农业推广信息传播中的优势

1.微信在农业信息传播中的优势

（1）传播的主体

现如今，微信信息传播的主体呈多元化，大数据时代背景下通过手机、平板、手提电脑等移动终端就可以检索和发布最新的农业信息。政府部门、媒介工具、农业高职院校在农业信息推广过程中占主导地位，与农业相关的企业、农民合作组织甚至是农户自己也在信息化浪潮中发挥作用。对于政府部门而言，微信服务平台以信息发布便捷、传播速度快、影响面广、互动性强、沟通即时、成本极其低廉等特点，为农产品经营以及与农业相关的各环节信息的传播提供了可能，解决了之前老旧模式的弊端。

（2）传播的受众

信息发出之后，接收终端会接收到消息，农户就可以了解相关内容，这样就可以摆脱以往的老旧的生产销售模式，为自己和大众提供便捷的生产条件和销售渠道。农户之间的交流更为密切，慢慢地变为传播的主体，对扩大传播范围起到重要的作用。

（3）传播的内容与方式

微信传播内容多样，速度快，覆盖面广，农户可以第一时间了解到最新的行情，更加方便，简单易学，农户用起来得心应手。微信功能强大，可以通过视频、语音等让农户之间的交流更加便捷。它还有在线支付功能，免去线下去银行的烦琐步骤，二维码扫描省去文字的烦琐，农户可以准确快速线上支付。

微信有专业数据算法，可识别媒体流量真伪，避免假号假量。农

户可以按阅读量投放，实时监测投放广告数据，按真实阅读量计费，降低投放风险。精准流量推广，精准匹配优质媒体账号，环节严格把控，锁定目标人群，流量不易丢失。分享裂变改变了传统单向推广模式，信息裂变使得推广覆盖的范围更广。

2.微信服务在农业推广中的效果分析

在我们众多的推送服务中，包括新闻、娱乐、时尚、健康、股票、汽车、农业等领域，我们发现读者关注的信息主要在娱乐、新闻等几类，究其原因，可能有以下几种。

（1）公众平台对农业信息传播的力度不够，政府也不够重视。民众怀疑内容的可靠性与真实性。

（2）多数农民缺乏学习的主动性，且路径依赖较为严重。同时，预期收益的不稳定性也严重影响了农户采纳新技术的行为决策。

（3）农民如果想要了解自己关注的信息，必须打开流量或者在有无线网络的地方才能上网打开页面浏览，如果没有无线网络，农户就要花费流量费，很多农户并不愿意。即使农户关注了之后，因为本身学历不高，一些专业的信息也了解不透，很多农户放弃使用，导致无法继续推广。

（二）微信服务在农业推广信息传播中的对策

1.定位政策倾斜，大力扶持微信服务产业

（1）财政资金投入力度逐步倾斜

目前，农业产业发展迅猛，成为互联网的领军领域，发展前景巨大。为保障互联网农业产业健康发展，政府可以建立市场化多元投入机制。运用投资、担保等方式，以财政资金为引导源，吸引社会资本投入微信服务产业，形成覆盖研发创新、转化孵化、市场应用等各环节的资金支持体系。支持行业领军企业、产业技术联盟、投资机构等共同组建微信产业基金，大力引导社会资本加大对前沿技术、重大科技成果转化和产业化的投入力度，逐渐形成财政资金投入力度倾斜。

（2）制定完善的引导激励机制

为建成集微信、手机多平台通用，微信 App 全方位介入的便捷操作和应用为一体的农业网络平台系统，提供最新农业动态、通知公告等信息咨询以及办事指南、农业信息查询等综合性便民服务，初步实现农业咨询智慧掌控、便捷服务指尖畅享的目标，要提高农业用户的活跃度，可以靠名或利来刺激用户。广义的利是指解决用户的现实性需求，解决各种问题，获得经济收益等。除了利之外，名包括各种等级，这些级别对应着相应的积分以及积分获取规则，将会员的质量以一个形象的方式表达出来，供关联方选择。

对会员的名誉激励除了会员等级之外，农业类 App 还可以授权系统荣誉。例如邀请科研院校或知名企业的农业技术人员、拥有官方专家称号的人员，激励这些外部人员主动与会员互动，提高平台的技术力量。

2.完善政府部门机制

政府及各个部门在整个推广中尤为重要。切实加强组织领导，政府可以通过微信及时发布农业重点工作、各类农业资讯，回复市民关心的热点和焦点问题，提供综合性的便民服务，打开一个知晓农业、了解农业的窗口。为确保农业信息在微信平台顺利安全地推广，应当切实加强农业生产环节工作，要把农业生产当作政治任务来执行监督，全面贯彻落实党组织领导的责任，主要领导需要负总责，其他班子成员则落实一岗双责，在各分管领域各司其职。要成立农业生产领导小组，定期召开农业信息推广进度会议，研究农业生产的部署工作。把农业生产纳入本部门或行业进行整体规划，统筹安排。在召开部门或行业综合性会议时，要把业务工作与农业生产工作同时部署安排。省、市两级农业生产领导小组的每个成员，每年至少参加两次农业安全生产检查，县级相关农业部门要把农业生产提升到重要任务的高度，并列入重要议事日程，在执行检查工作时，经常性强调安全生产的重要性。部分行业监管任务较重的单位要建立完善的农业生产工作机构，明确工作的性质，落实工作责任，丰富专业知识，加强监管力度，配备相关监管设备，保障农业监管的需要。

3.注重培养精准应用型人才

（1）强化专业人才定向培养

完善创新机制，实施人才战略，根据目前农业发展形势，传统模式的功效日渐衰弱，而新的思维方法已经开始显现。若企业能审时度势、抓住机会，就能够顺利实现转型。传统的农资销售渠道主要依靠经销商点对点进行销售，专业的农技服务人员仅负责售后的服务，在服务地点和时间上有延迟性，再加上传统的销售方式无法从根源上达到向种植户普及农业知识的目的，应培养专业的农业人才扩充营销团队，从而达到精准服务农业的目的。采取农技人员直接管理运营的模式，吸引农业人才，既解决了专业人员短缺的问题，又调动了团队的积极性。因此吸引优秀人才到农村发展需要我们做各方面的努力，健全高效人才培养机制。

制定人才培养的总体规划、目标要求和政策措施，建立培训基地。搭建培训平台，加强与国内知名高校的合作，建设人才实训基地，完善培训网络，推行社会化人才培养模式。人才培养以社会需求为导向，按需培养、讲求实效。接受现代远程教育及其他形式的培训，资助农业人才培养。创新适应现代农业发展要求的高技能创新人才培养机制，促进农业人才脱颖而出，使农业人才队伍的建设和培养步入良性、健康、持续的发展轨道。

（2）加强农村基层干部培训

农村基层干部在农业信息传播中扮演着非常重要的角色，在推进建设新农村工作中发挥重要作用。依托基层党组织标准化建设，着力加强村级党群服务中心规范化建设，固牢服务群众的主阵地。村级要组织活动场所的新建、改扩建工作，按照办公面积最小化、服务区域最大化和社会效益最优化的要求，科学设置功能室，规范内外标识标牌，配齐办公设施。

4.加快微信公众平台建设

提高农业微信公众平台的服务意识。微信公众号作为新兴媒体平台，它包罗万象且具有很强的延展性，可以有效地将文化发展到各个面，发散到各个点，面面相交、连点成线，形成一个更大的文化网络圈。以效能、务实、廉洁、责任、风险、荣誉，阳光、活力、和谐为轴，不断将核心价值理念融入农业工作的方方面面。

5.加强信息收集反馈

（1）建立规范的农业信息搜集体系

微信公众平台想要持续稳定地发展，需要一个完善规范的信息搜集体系。以现代农业产业发展需求为主体，以产业为主线，以发展为导向，构建创新型现代农业产业技术体系，建设从研发到市场，从生产到消费，各环节紧密衔接的农业推广、科研协同创新型体系，全面提升农业产业的科技竞争力。

要从源头上解决科研与生产衔接问题，产业技术体系需遵循农业科研规律和农业生产特点，按照产业链条的不同环节，科学设置专家岗位，按岗聘人，组建技术创新团队，开展农业技术研发工作，承接创新团队的研发成果，并进行技术集成和实验示范，以此加快形成科技与产业紧密衔接、优质科技资源与优势产区紧密对接的新格局，推动科技创新向重点领域、重点农产品以及重点环节集聚，促进科研成果落地并得到推广应用，加快科技富农进程。

（2）做好农业信息反馈工作

信息传播的过程中，政府可以建立咨询服务等反馈方式以便相关部门对自己的信息做更准确的收纳，可采取逐步向上级反映的方式。因为农民对农业生产进行了更多的实践性操作，所以政府对其建议应认真听取，最后反馈给农户。

要牢固树立贯彻创新、协调、绿色、开放、共享的发展理念，增强农业建设的责任感和紧迫感，把信息反馈意见整改作为一项重大政治任务、重大民生工程和重大发展问题，以铁的纪律和钉子精神抓好整改落实，确保所有问题整改到位，不留死角和盲区，高标准做好农业信息反馈工作。

五、总结

微信公众平台服务能够轻松融入农民群体，更加便捷、快速地传播农业信息，同时也方便人们在网络平台获取所需信息。然而，通过研究不难发现，微信作为一种新兴的传播载体，在农业的推广工作中也存在些许不足。例如微信公众平台对农业信息传播的力度有限，加之政府部门不够重视，农民知识水平有限。根据实际走访调查数据显示，岚县农民智能手机使用率达到了85.1%，但是熟练使用各种应用软件的人数只占其中不到1/3；另一个问题就是农村鲜有农民使用电子设备，普及率很低，网络连接不通畅等。因此应采取政策倾斜、大力扶持微信服务产业等措施，完善政府部门运行机制，重点培养专业应用型人才，加速微信公众平台建设，增强信息收集反馈等。

综上所述，近年来发展的互联网产业为农业信息推广带来了新的发展机遇。微信平台在农业信息中的推广和运用虽然处于起步阶段，但是这种新方式潜力无限。我们共同生活在"互联网+"的时代，应当搭乘这趟"快车"，充分利用微信平台为我国提供的农业信息化发展服务，推进农业现代化进程。

第七节　我国农业推广主体的新型组织模式研究

一、相关概念与研究现状

（一）研究背景与意义

农业自古以来都是人类社会赖以生存和发展的基础产业，但是我国现有的农业科研体制、农技推广机制缺乏应有的农业产业化经营方式，尤其是长期所依赖的农村基本经营制度所造成的土地经营分散、农户经营规模小、农村劳动力素质的结构性变化等问题制约着科技进步，这种状况在一定程度上和一定期限内难以从根本上改变。

农业科技是国家粮食安全的根本保证。面对国际市场的巨大挑战，我们必须提高农业科技水平，依靠科技创新和农业技术推广，解决粮食问题。实践表明，农业科技进步不仅取决于科技创新，更取决于农业科技的有效提升。农业科技成果的推广应用是改善和解决"三农"问题的重要途径。农业技术推广体系是农业技术推广和组织保障的基础，也是我国政府农业支持和保护的重要组成部分。

随着社会主义市场经济体制的完善，现有的农业科技推广体制已不能适应农业发展新阶段的要求，需要尽快进行改革。中国农业科技推广体系虽然经历了一系列改革，在组织体系、内容和推广方式上都取得了重大突破，但科技成果转化率普遍较低。科学研究与普及、人才普及质量较低，没有解决根本问题，仍然困扰着我国。因此，我国实行乡村振兴，全面建设小康社会，创新农业科技推广体系，创新农业推广主体的组织模式，完善农业科技推广组织体系和保障机制具有重大的现实意义。

简单地介绍了农业科学技术的普及理论、农业科学技术的管理体制和运行机制，通过研究农业科技普及体系，公布了政府主要的农业技术普及体系和以往的农业技术、农业技术普及体系的理论和知识。农业技术普及体系的改革具有重要的理论意义和参考价值。

本节在借鉴国外农业科技推广经验的基础上，研究了我国农业科技创新体系和保障机制，试图构建农业技术推广体系和组织结构。对于大力地推广农业技术，探索推广模式，加快农业科技成果转化，解决"三农"问题，具有重大的现实意义。

（二）相关概念界定

1. 组织结构创新

最早的组织创新可以追溯到熊彼得。熊彼得的经典定义认为，创新是生产要素的永久性"新组合"，导致生产方式的转变，形成新的生产能力。组织创新是创新理论的核心内容，熊彼得定义创新的五个方面，其中一个是实现新的企业组织形式。熊彼得提出了创新的"新组织"概念，并首次提出了组织创新问题。熊彼得定义的创新不仅是第一个独特的创新，还包括创新扩散的阶段。更详细的"新产品""新的生产方式"和"新市场"比"新"更具针对性，都是"陌生"或"新"，而"用"则说明了创新绩效的其他人所采用的扩展形式。

2. 现代农业推广组织

组织有广义与狭义之分。广义的组织具有规划、指挥、协调等功能。狭义的组织是指按照一定的组合形成一个完整的实体，为了完成某个任务，实现特定的目的，充分发挥集体力量的系统。农业推广组织是指由社会制度相对稳定的个体、农业推广的实施目的、社会制度等特定组织结构组成的功能组织。

3. 农业技术推广模式

农业技术推广模式是指，在一定时期内，相对稳定的农业技术推广组织、组织体系或制度创新的形式。当前政府主导的农业技术推广与组织体系被视为一种传统的农业技术推广服务模式，农民专业合作则被视为一种新型的农业技术推广服务模式，而农村科技中介体系是一种农业技术推广服务的系统模式。

（三）国内外研究综述

1. 国外主要研究综述

关于农业推广成果的研究，美国是开始最早的国家。但是他研究最开始仅仅停留在学术性较分散，与系统性不强的程度。James Tesfaye Bekele 和 Girma Negash（2001）表示，自国家技术推广项目实施以来，优质小麦品种的利用率有了明显的提高。拉马图（2002）分析了影响加纳粮食作物多样性的因素。研究表明，促销活动在促进生产成本节约、家庭技术引进和技术改造等方面发挥了重要作用。对澳大利亚的农业科技推广活动进行了研究和评价，认为可以提高其生产效率，带来明显的经济收益。

农业推广体系研究的研究中，美国学者 Shirley Woed 在他的专著中描述了美国农业院校的教学、研究和推广系统。日本学者速水佑次郎告诉 Vernon Rani 和美国学者，大多数促进农业科技的改革都没有强调单一模式。发展中国家采用土地出让模式推动农业科技改革是一个很好的例子。他研究了农民、非政府组织和政府组织等农业科技的普及问题，认为当国家推广机构和商业推广组织相辅相成时，农业推广将得到广泛的覆盖。此外，还对一些农业科技学者存在的其他问题进行了研究，如：促进体制改革、促进农业推广服务机构的多元化等，总结了美国农业技术推广模式的成功经验。

此外，还对农业科技人员存在的一些问题进行了研究，如：推进体制改革、"促进农业推广服务机构多元化"等，Rogers（1982）总结农业产业化的成功经验。国际上关于农业推广的研究不断宽泛，有"包涵万物"的趋势。农业推广是一个依赖政府宏观调控的领域，但细节的过分缺失与深化不足，仍会影响该领域的长足发展。

2. 国内主要研究综述

我国农业科技推广研究始于 20 世纪 30 年代，直到 20 世纪 80 年代，农业科技推广体系的改革才刚刚起步。20 世纪 90 年代以后，研究人员对农业科技推广中各种因素的分析给予了极大关注，我国农业科技推广的理论研究进入了一个开花阶段。近年来，学术界对我国农业技术推广体系进行了研究，在农业技术推广体系存在的问题、制度建设的对策和制度保障机制等方面取得了很大的成就。

国外农业推广制度研究：国内学者主要掌握宏观角度，研究背景在国外技术推广模式中，具体措施的推广和经验的启示等方面。多位学者对美国农业科技推广体系进行了相关的研究。张金霞（2012）研究了美国和日本的农业科技推广体系，对我们研究我国农业科技推广体系运行机制给予成功启示。农业科研、教育和推广，合理划分中央和地方农业科研任务，关注和鼓励私营部门参与。

许多学者认为在农业科技推广管理体系中，我国农业推广存在长期管理、功能不清、缺乏激励和约束机制等管理制度问题。在同一层面，许多不同类型的功能相互交叉，导致管理系统不正常，功能不均衡（农业部的农业经济研究中心，2005）。农业科技的复杂管理体系在一定程度上影响了农业技术服务体系的稳定与发展（周淑东等，2003）。

大多数学者认为，一方面，中国农业科技推广经费不足，投资结构不合理，制约了农业技术推广力度（高启杰，2002，张力成，2007，崔晓辉、王俊梅，2007），由于缺乏资金，现在许多基层农业技术扩展站在"寻找富有，没有钱打"的位置。另一方面，为了解决资金的严重匮乏，许多基层农业技术在科研应用推广、科研、推广、教育分化现象等方面都有陈旧和普及的现象。蒋泰谁（2004）指出，我国农业技术推广体系运行效率低下，原因是科研、推广、使用内部逻辑序列被人为干扰，不能有效调动教学、科研等各方面的主动性和积极性（蒋泰辉，2004）。

3.现代农业组织创新相关理论综述

现代农业组织创新有着双重的制度意义：一是制度创新；二是组织与制度的作用。这两者为制度经济学中两个既相关又不同的概念。倘若以一个框架来限制人与人之间的交互，那么，制度是社会博弈的规则，组织则是社会博弈的角色。同系统一样，组织在相互交流的结构中起到激励作用。在审视体制框架中的成本同时，我们既能看到这种框架的结果，还能看到该框架内发展的组织成果。为此，我更想强调组织与组织之间的关系问题。然而，在这些约束中，制度约束和传统经济理论中的一些约束也在我们考虑的范畴之内。为了努力实现这些目标，我们最好是实现体制改革。

为提高农业生产力，需要进行现代农业组织结构的创新，以便于适应现代化水平的发展，现代农业发展的主体是市场化、专业化以及社会化。它有两层含义：一是建立现代农业组织的制度创新；二是塑造现代农业主体的功能。其实本质就是要提出更有效率的制度，创造和完善新的利益协调机制。它是人与人之间的关系，也就是企业制度。

二、国外农业推广组织及借鉴意义

（一）国外农业推广组织的类型

（1）美国农业推广体系

联邦农业局是美国农业最高推广机构，负责全国农业推广工作，是全国有效的农业推广模式，通过知识型、良好教育型和农业型项目满足农民的实际需要。农业推广局主要通过农业院校中管理国家农业推广站的企业合伙人，来实施农业推广的具体工作，而不是直接干预。

国家农业推广站是美国农业推广模式的核心。国家农业推广站附属于一所授权大学。站长是农业学院院长。农业学院院长负责教育、科学研究和推广。因此，农业教育、研究和推广与联邦农业部密切相关，后者不直接与农业学院院长打交道，而是通过美国公立大学联合会协调农业部与认证机构之间的关系。此外，技术研究所还设立了一个特别的农业推广委员会，每个成员都从事农业教育和科学研究。赞助商由农业和技术学院的教授组成。教授根据自己的专业知识参与相关的农业推广项目。他们负责制定、设计和实施农业推广计划。

（2）日本农业推广体系中的双规制

日本的农业推广体系是由政府和农民自身的农业推广机构共同建立而成。农业改革推广体系是各级政府建立的农业推广机构网络。农林水产省是农业推广工作的主要机构，农林水产省特别负责促进农业局下属机构的工作。促进部门在促进教育和生活改善的基础上，主要负责项目确定、组织改进、活动指导、人员培训和资格考试、项目调查、数据收集、农村青年教育等工作。县农业行政主管部门——农业推进办公室通常设有农业改良室，生活改革室和农村青年之家，往下是农业改革的延伸，是最基本的促进组织。

农业协会促进组织是农民自己的组织，它由国家农业协会、县农业协会和农业协调系统三个组合组成。活动分为综合农业协会和专业农业协会。农业合作社有自己的推广人员，通常是野营教练员和生活指导教师，从事农业和农民生活技术推广。不同于农业改革试点，农民组织视角下的农民主管，必须通过技术手段帮助他们购买生产资料。露营指导员、生活指导员和总参谋部，通过农业技术人员的接触协议，调整双方的接触、分工和合作以及规划推广。

此外，其他国家和地区，如英国、印度等，农业推广系统也相对成功。在一个国家，组织制度不仅有晋升，而且有系统化和其他推动。根据 1989 年粮农组织的调查，农业部农业推广机构占 81%，大学占 1%，附属机构占 4%，非政府组织占 7%，私营部门占 5%，其他类型占 2%。由此可见，农业部的农业推广机构是当今农业推广代理制度的主体。

（3）荷兰农业推广体系——以农业知识信息系统为核心

在荷兰，农业推广的意义在于有意识地利用信息交流，帮助农民分析现状，形成科学见解，做出正确的决策，帮助农民提高农业生产知识和技能，实现农业推广的终极目标。

荷兰国家推广机构分为农业和水产养殖两个机构，两个机构大致情况相同。在中央一级，国家畜牧局设有水产养殖促进办公室，园艺和野外作物办事处设有营销推广办事处。这两个部门负责全国农业推广工作的管理、协调和组织工作。荷兰有 12 个省，省级设有专门的农业推广机构促销站，每个区域各有 35—50 人，一个站长，两个副站长，每个促销站根据区域主要作物和动物生产行业建立了专业技术推广队伍和 3—5 个总体推广队伍，每个团队 6—10 人。荷兰政府设置的区域促销站，直接为农民提供免费服务。荷兰的私营促销机构也发挥着重要作用，这些私营促销机构主要是专业咨询公司、生产公司、技术服务公司等。它们具有控制温度和温度的现代计算机系统，使用系统需要的知识和技术非常专业，也是农业生产过程中的关键环节，农民非常愿意为此服务付费。在荷兰，花卉和蔬菜生产占农业生产的很大一部分。这样的农产品需要继续获得新技术，才能确保产品的高品质，这是荷兰农民接受私人推广服务的主要原因。

荷兰的农业推广工作涉及的领域广泛，包括推广农业技术(种子、良好法律、农机等)、农场管理（成本会计、投资分析等）、农村社会经济生活（法律事务、经济合同等），涉及农村生产和生活的基本方面与重要方面。

(4) 澳大利亚农业推广体系——企业与政府的合作

随着"投资者—购买者—提供者"实施模式和公共部门外联服务外包的增加，私人咨询公司和农业企业越来越多地接触到政府资助的研究和推广项目中。除了销售团队之外，有些公司还进行了专门农户的田间考试，为农民进行咨询和知识普及活动，也定期组织农业营销活动。农业企业提供的服务变化反映了双方的愿望。企业和农民可以在农业市场化和限制的背景下抑制风险。许多农业龙头企业为农民提供免费服务。

（二）国外多元化农业推广体系的借鉴经验

1.明确分工，高效实施

农业技术推广体系的三种形式包括：第一，政府主导的推广机构，它是农业技术推广体系的核心力量；第二，政府主导的农业技术推广体系；第三，以非政府组织为主的农业技术服务体系。日本和美国等农业发达国家已经建立了农业技术推广机构，它具有非常明确的公共利益和非营利性质，组织内部的机制非常健全，所有职位都有非常明确的目标。政府部门直接管理农业技术推广体系，主要是发展民生与公益、非营利农业技术推广服务的关系，农林部负责推广区域农业技术的实施和管理。

2.科研、教学与推广有机结合

发达国家的科研、教学、推广一直是紧密相连的。例如，美国农业科学院与科学研究、教育和农业推广密切相关，有效发挥农业科技推动农业技术的积极作用。日本成立了一个特殊农业组织，负责促进农业相关知识的普及和农业推广，农业院校与农业科研院也有着充分的联系，促进教学、研究和整合。

在建立科学研究、教育和农业推广机构时，总结出以下相似之处：第一，大多数国家将农业研究中心和农业推广中心结合起来；第二，从事农业科技人员和农业推广服务人员通常兼任区域农业大学教学任务；第三，科学研究成果得到专业验证后，通过农业普及教育推广给广大农民。

3.充分利用企业和其他非政府组织

外国农业技术推广体系建设的成功经验表明，要充分发挥企业的主要作用，推动各类农业技术服务机构的发展，吸引社会各界参与农业技术推广服务体系。多元发展国家的农技推广工作与民营企业组织咨询机构密不可分。法国所有农业推广活动由私营企业协会组织完成，无须政府负责。日本农民组织程度达到了一定高度，农业科技推广工作、国家农业技术推广体系和农民专业协会紧密结合在一起。在德国，农业推广咨询服务由政府机构和许多社会实体提供，例如农民协会、养殖业协会、生产者联合会等。

4.充分利用现代推广手段

农业发达国家普遍重视利用现代农业技术推广手段。美国自20世纪70年代起，不仅利用现代传输手段（如有线设备）向农民定期传输农业技术知识，还注重无线传播（如互联网）。同时，加快交通运输工具的现代化建设。

应联合政府部门、民营企业、农民协会、大学等组织，通过现代信息技术和技术成果的广泛而高效的应用参与建立多元化的现代农业信息服务体系模式。

法国农业信息服务也具有广泛性的特点，这些多元化服务包括行业组织和专业技术协会、农业生产合作社和互助协会、农业相关企业和政府机构。这些组织具有独立的农业信息系统，对促进农业技术发挥了重要作用。

5.积极培养高素质人才，促进人才队伍建设

农业发达国家重视农业科技教育，注重提高农业技术人员的知识水平，并给予较高的福利和社会地位。因此，除了健全的组织体系外，农业发达国家也拥有高素质的农业技术推广服务队伍。

日本对推广人员和技术人员要求非常高。不仅在学历上有较高要求，还要通过专业技术考试，除此之外，还要求有时间和经验。

6.完善政策法规体系

新型农业技术服务推广体系建设的关键在于模式选择，落脚点在

于对系统的建设。政策法规促进农业技术服务的同时，增强了生物碳汇功能，实现了海洋空间资源的三维发展，通过生物层的有机相互作用实现均衡的生态环境，利用效率高，在获得好处的同时实现渔网碳汇功能。

制定海洋畜牧业宣言，提高中国碳汇渔业水平。在发展海洋畜牧业的过程中可以借鉴国外经验，运用先进的大型渔业设施和系统的科学管理、监测制度，大力推进海洋林业工程建设，培育高效的海洋牧场。

三、我国农业推广组织的类型及不足

（一）国内农业推广组织的类型

1. 行政型农业推广组织

政府行政农业推进模式是指政府利用行政手段促进农业推广。大多数国家的政府部门在国家外联活动中发挥主导作用，并对各级机构的活动进行直接干预。在执行政府行政推广模式的国家，中央和地方推广部门在绝大多数推广工作中都有身影。由于大力推广基层办事处，政府发展干预措施的范围可扩展到各个领域，其他私营机构的组织布局比较困难。

2. 教育型农业推广组织

农业推广机构主要目标是农民，也扩大到社区，工作目标是教育。由于这种促进组织的行动计划以成人教育的形式表达，其技术特点主要是以知识技术为基础，大部分知识库来自学校农业研究成果。由于中国农业技术推广普及长期以政府机构为主导，农业机构推广不够，这大大浪费了高校资源。教育农业推广机构内部结构优化与管理工作需要明确教育农业推广机构是通过科技成果与企业与社区用户有机结合，充分发挥农业机构人员、技术、信息和成果的优势，引入市场机制，整合现有资源，注重知识传播和社区能力建设。当前高校实施优良制度建设存在农业责任不明确、制度混乱、长期无人管理的问题。今后，要加强各类推广监督的定位，确保教师和学生从事农业推广工作，保障企业、科技园等单位的主要成果能够共享互补。

3.项目型农业推广组织

通过重大项目扶持信贷、水利、农业等行业共同为农民开展序列化服务。这是在农业发展项目合作区域组织的，有助于当地农业生产的发展。农业推广的效果是以项目成果的好坏来判定的。基本前提是为了发展一些重要的农产品商品的生产，农业推广与科研、投入供给、产品销售、信贷等必须有机结合起来，以取得最好的成果。

4.企业型农业推广组织

根据企业或者公司设立的农业推广机构，以增加企业的经济效益为目的，其服务对象是消费者，主要集中在具体的专业农场或农民。企业农业推广机构内部管理需要注意农业科技企业技术创新能力建设，完善的自主创新平台体系为企业提供了良好的环境，不完善的市场经济体制阻碍了许多企业的技术创新和可持续发展。要特别注意企业文化建设、企业人力资源管理、公司治理和内部管理。

除此之外，农业企业需要增强风险意识，建立风险防范基金，建立风险预警，从而增强企业所在行业应对市场风险、技术风险和政策风险的能力。

5.自助型农业推广组织

农业合作社是最具代表性的。作为农村市场改革进程中的新事物，中国自助农业推广机构的发展，对促进和利用科技、发展高效农业发挥了积极作用，但组织本身暴露出许多缺陷：

（1）明确组织推广服务目标和原则。自助农业推广机构是以自助、民主、平等、公平和团结为基础的。其目标主要包括：提高农民的组织化程度和改变农民在市场竞争中的弱势地位。农户小生产与大市场的矛盾弥补了农村社会服务体系的滞后发展，满足了农民多元化推广服务的需要。一般来说，动态农民组织的发展需要从容易实现的小目标开始，这将使组织能够专注于内部治理，并在条件成熟时实现需要更多资源和复杂管理技能的宏观战略目标。

（2）组建合理的组织结构和决策机制。使农民充分参与，享有选举权和投票权，确保农民进行民主管理的权利，建立所有成员的产权制度，健全组织成员和组织之间的利益分享和风险分担机制。

（3）加强组织管理，通过规范澄清组织的目标和运作程序，防止组织无序运行和组织资源浪费。要进一步改进服务方式和手段，加强科研单位和大学的合作，完善信息服务设施，满足现代农业推广服务的需要。

（二）国内农业推广组织的不足

1. 推广机制与市场经济发展要求不相适应

《中华人民共和国农业技术推广法》第九条规定，国务院农业、林业、畜牧、渔业、水利等行政部门（以下统称农业技术推广行政部门）按照各自的职责，负责全国范围内有关的农业技术推广工作。县级以上地方各级人民政府农业技术推广行政部门在同级人民政府的领导下，按照各自的职责，负责本行政区域内有关的农业技术推广工作。同级人民政府科学技术行政部门对农业技术推广工作进行指导。具体到基层：农业局设立农业推广服务中心，畜牧兽医站属于县畜牧局，农业机构属于农机局，林业机构属林业局，渔业站属于水产局等。这种长期的管理制度导致低效率和技术浪费。各部门阻碍科技成果的有效供应，农业推广人员分配不合理，难以满足数千户的服务需求；缺乏协调、组织协作和综合服务，主要功能难以发挥。目前，我国许多农业活动仍以行政推广和宣传活动的形式进行。自上而下的推广，是由政府决定的扩建项目，然后逐渐放行，没有充分考虑到农民的技术需要。

2.需求错位，造成效益流失

农业创新技术供需信息反馈不成功，阻碍了新技术开发应用和农业推广过程的发展，使供求不一致，科技成果无法转化为生产力；任何部分的断开都会延缓农业科技进步的速度。我国农业增长贡献率已达到53%，但远远落后于发达国家。美国农业科技成果普及率达到85%，农业科技对农业增长的贡献率达到80%，主要是由于美国具有以大学为核心的农业技术推广系统。

3.经费分配问题

农业推广强度低，分布不平衡；资金问题增加了农业推广的不稳定因素；农业推广业务重心转移。如表3-2所示，2011—2015年的财政支出可以看出，对农业的资金投入就很低。

表2-2　2011—2015年财政支出对农业投入

单位：万元

年份	2011年	2012年	2013年	2014年	2015年
农业支出	2075103.00	2891767.00	3323167.00	3367671.00	4359006.00
总财政支出	88352407.00	94324646.00	106229568.00	113885952.00	122288846.00
比例	2.35%	3.07%	3.13%	2.96%	3.56%

4. 推广人员不适应现代农业发展的新要求

我国农业推广人员素质跟不上时代要求，无论从学历还是技术来看，很多人员都达不到上岗要求，而且还一个人身兼数职，分散了农业推广能力。除此之外，从农业生产结构看，种养加、产供销等方面的人员也不能适配。

四、我国传统的农业推广组织模式

（一）政府主导型模式

我国传统的农业推广组织模式以农业部门的公共技术推广体系为基础进行构建。"政府"有三个含义：一是农业技术推广体系的运行资金主要是来自政府财政投入；二是推广服务所依赖的组织属于政府职能机构或政府公共机构；三是从事推广服务的专业人员，其工资和待遇由政府财政承担。虽然这一模式在很长一段时间内也试图改变以往科研、教学推广分离与脱节的弊端，但至今效果甚微。我国农业科研教育的社会制度有其自身的强烈民族特色。农业科研与农业教育从一开始就具有系统性和分离性，两者之间虽没有联系，但都是由政府管理的。他们都是从计划经济体制的背景下走来的，其组织制度的行政控制机制仍起着主导作用。

（二）政府主导型模式存在的问题

1. 组织模式单一，机构设置分散，难以发挥整体效益，导致基层推广体系缺乏活力

在国内，以各县乡为主体的基层农技推广组织模式绝大部分停留在简单的"政府＋农户"的行政型模式，一方面政府在推广过程中由于行政性质，以及人、财、物等各方面的限制，导致农技推广效率低下，达不到预期效果；另一方面，被动接受的农民群体，由于对新

科技、新知识的接受能力较差，导致对政府的农技推广行为存在排斥心理，进一步增大了农业技术推广的困难。

2.缺乏一支专业技术过硬和知识结构合理的高素质队伍，在岗工作人员缺少继续培训和再学习的机会

在从事基层农技推广的工作人员中，绝大部分都是乡镇政府中处于工作边缘化的老同志，这些老同志思维缺乏灵活性，工作积极性较差，接受新科技、新事物能力较差，对于省、市、县下达的农业技术推广工作任务不上心，被动工作。同时，乡镇工作的杂乱导致了乡镇工作往往混岗使用，在此编不在此岗，在此岗不在此编的情况非常普遍。农业技术推广工作的效果往往又不是短期就能见成效的，存在周期长，工作绩效体现慢等特点，相对于GDP增长较快的其他行业，农技推广的工作得不到领导的重视。此外，从事农业技术推广的人员稳定性差，流动性大，再培训和继续学习机会少，这也是当前基层农业技术推广存在的问题。

3.以科研、教育和推广为主线的推广模式协调困难，很难发挥三者的共同作用

农业技术推广与农业教育和科研部门均由不同的政府部门管辖，各部门之间的职能职责相互独立，除了工作中存在相互协作的机会，其内在完全没有机制上的联系，在职能和机构方面存在分离。部门与部门之间缺乏长期稳定的合作联系，信息沟通困难，阻碍了科研成果流入推广部门，从而导致了科研机构不会过问推广机构的具体工作，而推广部门也不了解科研的具体进展情况，导致不能保证科研成果推广的时效性。在推广过程中急需解决的技术性难题又不会列入科研计划，很难成为正式的研究课题。因此，科研成果没有得到及时地转化，农业技术推广和农村经济发展中存在的问题和需要解决的问题也

得不到实时地反馈，也是当前基层农技推广体系存在的问题。

五、我国农业推广的新型组织模式

（一）以龙头企业为主的新型组织模式

1."龙头企业＋农户"的模式

在农业生产经营中，农民由于自身的资源和接触的市场信息有限，无法有效应对市场变动。此外，农民在农业生产中由于资金、技术、知识等各方面的限制，无法形成产业化经营，始终无法克服在农业生产中的弱势地位。而龙头企业作为市场性的经营主体，具有一定的规模、资金等各方面的优势。具体而言，这种组织模式主要包含以下几个关键点：一是坚持以市场为导向的发展方向，市场是决定农产品销售情况的根本要素，无论是龙头企业还是农户，都必须按照市场需求进行投资和生产经营；二是要充分发挥龙头企业的带动作用，在这种双方实力不均等的条件下成立的组织，龙头企业要承担对外联系与对内组织的双重任务，要充分发挥带领农民发展的作用；三是要形成稳定的利益联结关系，在这种组织模式中，由于农户与龙头企业的利益存在差异，龙头企业极有可能出于自身经济利益的考虑而损害农民的利益，因此形成稳定的利益链对于该组织的持续发展有重要的意义。

2."龙头企业＋农户＋基地"模式

为了克服"龙头企业＋农户"组织模式的缺陷，一种更加稳定的组织形式——"龙头企业＋农户＋基地"的生产组织模式得以出现。这种组织模式克服了单纯的以"龙头企业＋农户"力量不均衡的组织模式的弊端，以基地为桥梁，形成更加稳定的农业生产结构。在这种组织模式中，各个利益主体各司其职，基地扮演重要的桥梁作用，一方面要帮助企业为农户的生产种植提供技术指导和管理以及后期为公司统一收购农产品，严格为农产品的标准化和质量把关；另一方面，基地也是农民利益的有力保障。公司不仅要与单个农户签订价格协议，还要与基地签订协议，协议中明确规定农产品的价格。由于公司与基地都是以一定的组织形式存在的，相比较于个人更加具有谈判能力，农民的权益更能够得到维护。此外，基地的存在有利于提高农业的生产效率。在"龙头企业＋农户"的组织模式中，企业在生产过程中面对的是单一的农户，机械化及集中生产难以实现。而基地的存在能有效地将产业化的集中经营与农户的生产独立性相结合。基地能够将农户组织起来，使分散经营变成集中统一，生产的集中有助于提高农业的机械化水平，提高农业生产效率（牟大鹏，2004）。

（二）以龙头企业为主的新型组织模式的局限性

1."龙头企业＋农户"组织模式局限性

"龙头企业＋农户"的生产经营组织模式虽然节约了交易成本，提高了农业产业化生产经营，但是仍然存在一定缺陷。这种组织模式能否持续发展取决于农户与龙头企业之间的利益关系。农户与龙头企业之间的契约关系并非是一成不变的，这种关系会受到市场的影响。农户在生产经营之前会基于当时的市场价格与龙头企业签订生产经营协议，形成基于契约价格的生产关系。由于农产品的价格会受到市场因素的影响产生波动，当契约价格低于市场价格时，农民存在机会主义行为，倾向于选择将农产品卖给市场；而当市场价格低于契约价格时，龙头企业从盈利的角度出发，存在压低农产品价格的倾向，农民的利益因而受到损害（高波，2013）。

2."龙头企业＋农户＋基地"模式的局限性

"龙头企业＋农户＋基地"的组织模式虽然能够形成相对稳定的

契约关系，但是这种契约关系是建立在基地组织与农户利益一致的前提下的。当基地的管理者为了自身的利益，完全以龙头企业的利益为主时，双重组织压力使得农民的收入和利益受到严重损害。此外，这种组织模式对龙头企业的生产经营和管理水平要求比较更高。由于农业生产经营依托基地进行，如果企业没有判断和满足市场需求，造成的损失比"龙头企业＋农户"组织模式的更大。此外，由于生产经营的规模问题，这种组织的灵活性也会受到影响。

（三）以农民专业合作社为主的新型组织模式

农民专业合作社是在农村家庭承包经营的基础上，同类型农产品的生产者、农业生产经营服务的提供者、使用者，自愿联盟和民主管理的互利经济组织，能引导农民相互合作，促进农业产业化和现代化，促进农村经济的发展。在农业生产经营中，要充分发挥农民专业合作社组织农民的自然优势。随着外部环境的变化，农民专业合作社的组织形式也不断变化，主要有：由农村能人牵头的"农民专业合作社＋农民""企业＋农民专业合作社＋农民"几种农民专业合作社和政府组织的模式（张藕香等，2014）。

1. 农村能人牵头的农民专业合作社＋农民

农村社会具有熟人社交网络的典型特征，村民之间除了具有传统的血缘联系之外，具有很强的地缘联系，彼此之间存在一定的信任，这为基于农民专业合作社的组织创新提供了一定社会条件（黄祖辉，2013）。在农村社会中存在一部分农村能人，他们区别于传统的农民，不仅掌握了农业生产技术，而且具有一定的管理经验和创新意识，他们在农村社会中具有很高的威望，对村民的行为意识具有一定的影响。为了带领农民发展经济，他们将农民组织起来形成合作社，对外依托销售经纪人，对内加强对农民生产的引导，提高农业生产效率。

2.企业＋农民专业合作社＋农民

由于农村能人主导的合作社对市场适应能力不强，在此基础上，依托企业实力，形成企业、合作社和农民三方模式。在这种模式下，公司主要对接市场，在产前、产中及产后为农业生产提供资金、技术等综合性服务。农户主要以自身的土地资源、劳动力资源进行农业生产。农民与企业则主要通过合作社形成利益共同体，合作社帮助企业组织农民生产，为农产品销售拓展市场。一方面，这种合作经济组织的主要特点以某种农产品为基础，提高了农民的组织化程度和抵御市场风险的能力，具有稳定的市场和相对保护的价格，增加了农民的收入；另一方面，这类合作组织通常规模比较大，组织体系比较健全，组织机构一般包含股东大会、理事会或监事会及社员大会，能够有效组织农民进行专业化的农业生产，提高土地资金等的利用效率（夏学文，2008）。

3.党政组织＋农民专业合作社＋农民

"党政组织＋农民专业合作社＋农民"的组织模式是借助行政组织的力量，将农民组织起来，形成专业合作社。这种组织模式以农民为基础，以产业为依托，以农民专业合作社为载体，将政府组织的力量和农民的力量通过合作社形成对接，以促进农民增收和农村产业发展为目标（李明贤等，2014）。这种组织模式中政府借助自身的力量，为农民专业合作社的发展提供政策支持、资金支持、技术指导、土地供应等。合作社则主要负责对外联系，为农业生产种植及时提供市场信息，协调各方面的社会关系。"党政组织＋农民专业合作社＋农民"的组织依托政府的公信力和权威性能够在较短的时间内建立合作组织形式，组织的稳定性较强，能够引导农民形成产业化经营。

（四）以农民专业合作社为主的新型组织模式的局限性

1."农村能人牵头的农民专业合作社＋农民"的局限性

以农村能人为主形成的农民专业合作社虽然在农民中具有很强的号召力，农民的参与度普遍比较高，但是从组织角度来分析，这种组织模式也存在一定的弊端。从组织形式看，这种组织模式的架构不稳定，缺乏明确的分工以及流程化的服务体系。此外，这种组织抵御农业风险的能力有限，一旦农产品出现滞销或者价格波动，仅靠农村能人的力量难以有效化解市场波动带来的风险。从剩余价值分配的角度而言，这种组织存在分配不均的风险。如果按照农民专业合作社"一人一票"的经典准则进行经营利润的分配，普通的农民和能人大户投入的成本、承担的风险不一样，而分配结果却不能将这部分差异考虑，容易引发农民专业合作社的内部矛盾。

2."企业＋农民专业合作社＋农民"的局限性

"企业＋农民专业合作社＋农户"的组织模式极大地提升了农业的现代化水平，但在实际的运行中也存在问题。这种组织模式中，农民专业合作社扮演了很重要的角色，成为公司和农民的双重利益代表，因此存在双重委托代理关系。在这种组织模式中，农民由于先天的资源禀赋不同，加入农民专业合作社的目的也不相同，使得农民专业合作社的异质性问题异常突出。在规模相对比较大的合作社中，农户之间的经济实力以及出资额不一样，容易产生"大农吃小农"的现象，农民专业合作社的公平性原则受到挑战，剩余利润分配不均容易引发组织内部的矛盾，影响组织结构的稳定性和可持续发展。

3."党政组织＋农民专业合作社＋农民"的局限性

这种组织模式由于政府力量的介入，组织结构容易受到政府组织的影响。在实际运行中，分工不明确，机构冗余，组织的效率较低。

此外，在这种以行政力量为主导的组织模式中，政府会通过财政资金为组织发展提供帮助，而长期在这种扶持下生存会让农民产生一定的依赖性，缺乏自我发展和经营的能力。"党政组织＋农民专业合作社＋农民"的组织结构缺乏市场力量的介入，无法及时了解市场动向，导致农业生产种植与市场之间的信息滞后，长此以往将会降低农民收入和挫伤农民的生产积极性。

（五）基于互联网平台的新型组织模式

随着经济和技术发展，以互联网为主的信息技术得到广泛应用。而农业生产也应该及时跟上技术变革的步伐，将互联网、大数据、云技术等运用到农业推广中，建立信息化的农业推广服务体系。从组织平台的创建主体来分，农业推广信息服务平台主要包括政府主导的公益服务平台、企业主导的市场服务平台和农村社区自发的半公益服务平台（刘佳等，2012）。从信息获取渠道的角度，国内学者总结和提出了网络通信、视频专家咨询、手机短信 12316 综合信息服务平台、农村信息直通车、农业技术 110、农民信箱、农书房、农村现代远程教育等（陶忠良，2014）。为了提升农业推广的综合效率，应该将不同视角下农业推广的信息方式相结合，为农业信息、技术的传播搭建平台。互联网作为一种新的技术，为信息的传播建立了便捷的通道，信息传播打破了空间的限制，传播速度更快。互联网技术在城市中的应用已经非常广泛，深刻影响了居民衣食住行各个方面。农业推广需要运用这种新技术，扩大农业技术传播的范围，减少传统农业传播中的人力投入，降低成本，提高农业传播的效率。

1.基于云技术的农业推广服务平台

云技术依托互联网平台，将海量的数据存储在云端，具有按需、易拓展的特点。云技术农业推广平台利用云海量信息存储和统一管理功能，形成农业推广信息云。通过云技术与农业生产产前、产中、产后的深度结合，为农业生产提供经营决策、农作物管理、市场销售等全方位的服务，提高农业信息传播和技术推广的稳定性和可拓展性。目前这种模式已经在北京、上海等经济技术发达的地方得到推广。

2.基于大数据的农业推广服务平台

大数据是指在一个或多个维度上超出传统信息技术处理能力的短信息管理和处理问题技术。它是一个由多个数据源生成的大规模、多样化、复杂、长期的分布式数据集（冯芷艳等，2013）。大数据在农业推广中的应用主要通过对海量、复杂、动态的涉农数据进行感知，运用农业知识服务与数据处理，对农业大数据进行分析。这种海量的数据汇集分析能够帮助农民预测农产品价格趋势，提供基于数据的精准农业生产，增强农民应对市场风险的能力。

六、结论

农业是我国经济发展的根本，它是生存之基石。在我国经济转型时期，农业发挥重要的作用。随着刘易斯拐点的到来，城市对农村富余人员的吸纳能力几乎到达上限，投资带动经济发展的弊端也逐渐显现，农业的发展迫在眉睫，它将成为我国经济转型重要的社会安置所，而农业的发展必然依赖于农业推广的发展。

除此之外，消费也能拉动经济的增长，促进农民增收，在社会稳定的情况下，城市高质量消费对于农业经济的发展也是大有裨益的。

通过对国外几个经济发达国家农业组织模式的学习。我们可以借鉴并且能适合我国国情的有：明确分工，高效实施，改变以行政性农业推广组织为主的状态，把科研组织放在中心地位；科学研究、教学与推广有机结合，加强农业学院的发展；充分利用企业和其他非政府组织的权力；充分利用现代推广手段，如互联网，手机等传播媒介，引入现代传播方式；积极培养高素质人才，促进人才队伍建设，提高专业人员福利水平；完善政策法规体系。

　　农业组织结构需要不断地创新，未来农业组织结构的创新应朝着精细化、联动性、平台化的方向发展。农业组织结构应该在现有的基础上，不断细化，将农业生产的产前、产中、产后组织起来，尤其加强农产品后期的营销，树立农业品牌，将农业生产的各个环节有效组织起来，形成精细化管理。未来农业生产的组织结构、制度、管理之间要形成良性互动，各个部分之间不是孤立的。未来的农业生产要有效利用新的技术，加强新技术在农业生产中的应用，加强对农业从业人员的培训，将各个家庭的农业生产集中起来，利用互联网的各种平台，解决农产品的销售问题，打造优质的农产品。

第三章　种植养殖业推广实践案例

第一节　惠水县脱毒马铃薯种植技术推广

一、基本内容

(一) 种植点基本情况

惠水县位于贵州省中南部，黔南布依族苗族自治州西部，介于东经 106°23′—107°05′，北纬 25°41′—26°17′。境内平均海拔 1100 米，峰丛中山占 40.5%，夹层中山占 11.8%，砂页岩中山占 9.5%，低山地占 2.6%，丘陵占 26.4%，坝地与台地占 9.2%。

全县土地总面积为 2471.79 平方千米。其中，耕地面积 533.78 平方千米，占土地总面积的 21.6%；园地面积 12.12 平方千米，占土地总面积的 0.49%；林地面积 1294.59 平方千米，占土地总面积的 52.37%；草地面积 288.10 平方千米，占土地总面积的 11.66%；城镇村及工矿用地面积 52.21 平方千米，占土地总面积的 2.11%；交通运输用地面积 19.53 平方千米，占土地总面积的 0.79%；水域及水利设施用地面积 16.67 平方千米，占土地总面积的 0.67%；其他土地面积 254.78 平方千米，占土地总面积的 10.31%。

（二）脱毒马铃薯栽种调查区域

斗篷，地如其名。在该村境内，有两座大小不一的小山坡，酷似人们劳作时戴在头顶的斗笠，因而被称为"斗篷山"，寓意为居住此地的老百姓遮风避雨。斗篷山位于县城东南面，总面积55平方千米，辖三合、高坪、龙井三个村。全区总耕地面积4138.3亩，其中喀斯特地貌土地占1/3，山多田少、石多土少、人多地少，坡中有地、地中有石，土地贫瘠，人均耕地仅0.58亩。

从人口结构上看，截至2014年全区1230户6087人分散居住在斗篷山上，劳动力2715人，常年外出务工709人。从民族结构上看，主要为苗族、汉族两种民族杂居，其中苗族人口5505人，占总人口的91%；汉族582人，占总人口的9%，主要居住在高坪村的林木冲组。

斗篷山区虽然组组通公路，但全区62.5千米通组公路仅16.8千米实现硬化，硬化率为26.8%。在这里，山高坡陡，荆棘丛生，可谓"晴天一身灰，雨天一身泥"；在这里，水金贵如油，工程性缺水严重，每逢久旱，作物枯竭，饮水困难；群众受传统自给自足生产方式的影响，穷不思变，安于现状，长期依赖救济和扶持，主动发展意识不强，思想观念相对落后。

马铃薯本喜凉，适宜在低温条件下生长发育。斗篷山区平均海拔1170—1370米，年日照时数1318.3小时，年均气温15.8℃，无霜期288天，春种秋收，气温在8—21.8℃，秋种冬收，气温在23.6—15.8℃，与马铃薯的生长特性相近，适合发展一年两熟；斗篷山区土质以大土泥土及黄沙壤土为主，是种植马铃薯的最佳土壤。同时，斗篷山区工矿企业少，环境污染小，为生产优质马铃薯创造了有利条件。2013年，县扶贫开发局争取到马铃薯原种扩繁项目资金550万元，在斗篷山区开展马铃薯原种扩繁试点项目。完成一级原种扩繁 225 亩，占任务数的 100%；二级原种扩繁 1600 亩，占任务数的 100%；一级种扩繁 4000 亩，占任务数的 61.54%；优质薯种 3190 亩，占任务数的 100%，项目取得成功。

摆金镇为贵州省黔南布依族苗族自治州惠水县下辖的一个镇，位于惠水县东南部，系都匀至惠水、长顺、贵阳至平塘的公路交叉点，乡村公路四通八达，是惠水县东南部地区的旱码头。截至 2021 年 10 月，辖区总面积 347.25 平方千米，人口密度 186 人/平方千米。该镇下辖 1 个社区和 30 个行政村，户籍人口 64647 人。

全镇平均海拔 1425 米，年均降水量为 1150 毫米，年平均气温 13.6℃，属亚热带季风湿润气候。同斗篷片区环境相仿，较适合马铃薯种植。2016 年惠水县脱毒马铃薯原种扩繁种植在该区域内种植达 200 亩。

（三）脱毒马铃薯种薯生产基本情况

1. 种薯扩繁公司

贵州杰克种养业有限公司目前为种薯扩繁原种级育种公司，具有非主要农作物种子生产许可证——CD（黔惠）农种生许字（2015）第 0001 号和经营许可证——CD（黔惠）农种经许字（2015）第 0001 号。

2. 脱毒马铃薯项目来源

2014 年根据黔南州扶贫开发局《2014 年脱毒马铃薯产业化扶贫项目种植面积及资金分配表》《惠水县十二五扶贫开发规划》和《惠水县 2014 年脱毒马铃薯种薯扩繁基地及优质薯种植项目实施方案》。

2015 年根据贵州省财政局、贵州省扶贫开发办公室黔财农〔2015〕238 号文件《关于下达 2015 年第七批中央财政专项扶贫资金（发展资金）的通知》。

2016年根据惠财字〔2016〕37号文件《关于下达2016年第一批（第1次）中央财政专项扶贫资金（发展资金）的通知》。目前扩繁的品种是"费乌瑞它"，面积5350亩（春繁3174亩、秋繁2176亩），春繁，一级原种扩繁300亩（种薯来源：省扶贫开发技术指导中心）、一级种扩繁250亩（种薯来源：自繁），二级种扩繁2624亩（种薯来源：自繁）。

3.种植地点

2014年：一级原种扩繁摆榜乡摆榜村种植180亩，其中春繁90亩，秋繁90亩；二级原种扩繁摆榜乡盘井村、石板村、甲坝村种植1000亩，其中春繁500亩，秋繁500亩。一级种扩繁涉及和平镇、断杉镇、羡塘乡等3个乡镇7个行政村共种植3000亩，其中春繁1500亩，秋繁1500亩。大田优质薯种种植涉及7个乡镇15个行政村共种植3390亩，其中春繁2260亩，秋繁1130亩。

2015年：一级原种扩繁涟江街道办事处高坪村种植200亩，其中春繁100亩，秋繁100亩；一级种扩繁涟江街道办事处高坪村种植700亩，其中春繁350亩，秋繁350亩。

2016年：一级种扩繁濛江街道山后村种植100亩，为秋繁；摆金镇甲浪村种植200亩，为春繁。

2017年：一级原种扩繁、一级种扩繁涟江街道办事处斗篷片区三河村；二级种扩繁涟江街道办事处斗篷片区高萍村、龙井村种植1550亩，摆金镇种植1074亩。

（四）脱毒马铃薯原种扩繁项目建设基本情况

1.主要内容

2016年计划于濛江街道后山村和摆金镇甲浪村分别建设100亩和200亩，项目建设预计参与农户覆盖当地80%的贫困户。原种扩繁的 300 亩中，2016 年秋季种植有 100 亩，其余 200 亩在 2017 年春季种植。其中资金投入共计 105 万元，秋季种植 100 亩的项目投入资金 35 万元，春季扩繁 200 亩的项目资金投入 70 万元，具体明细如表 3-1 所示。

表 3-1　脱毒马铃薯原种扩繁项目概算表

实施地点	项目补助内容	数量	单位	单价/元	补助金额/万元
后山村及甲浪村	肥料（复合肥、有机肥）	300	亩	320	9.6
	农药	300	亩	200	6
	技术工人工资	300	亩	550	16.5
	土地租赁费	300	亩	300	9
	农机作业费用	300	亩	280	8.4
	包装、运输、仓储及机械化配套费	300	亩	50	1.5
	微型薯种子	180000	粒	0.3	54
小计					105

项目实际使用资金情况如下：肥料 96000 元（复合肥 75150 元、有机肥 20850 元），农药 59250 元，劳务工资 149515 元，土地租金 90000 元，农机作业 80777 元，包装等 12970 元，微型种薯种子 540000 元，共计 1028512 元。与表 4.1 概算资金相差 21488 元。

2. 实施方式

第一，专业技术人员进行规范化指导。由惠水县扶贫开发局安排专业技术人员长期蹲点，与项目镇办农技人员深入田间地头，从开箱整地、拉绳栽种、防病打药及采收储藏等各个环节进行示范指导，提高马铃薯种植的规范化水平。

第二，实行责任落实到人的强化管理制度。在项目实施过程，按照相关规定采购项目物品；同时强化项目前期、中期、后期的管理，及时解决项目实施过程出现的问题，确保项目顺利完成。

第三，项目衔接有序。由县扶贫开发局统一流转土地，规范种植；采收后也由项目后续的镇办（村办）合作社和贫困户种植，以确保各个过程有序衔接。

3. 项目预期经济效益

2014年，扩繁项目建成后，一级原种繁育平均亩产达到1250—1750千克，二级原种繁育平均亩产达到1500—1750千克，按平均单价1.3元/斤计算，项目区农户亩均年收益4500元以上。

2015年，扩繁项目建成后，一级原种繁育平均单季亩产达到1500—1750千克，一级种繁育平均单季亩产达到1750—2000千克，按平均单价1.4元/斤计算，项目区农户单季亩产值5000元以上。

2016年，扩繁项目建成后，原种扩繁平均单季亩产达到1500—1750千克，可为一级种扩繁项目提供550亩的原种供应，使农户通过繁育一级种增加经济收入。

二、推广效益

（一）经济效益

2014年，惠水县脱毒马铃薯产业化扶贫项目共完成马铃薯种植7570亩，其中一级原种扩繁180亩，二级原种扩繁1000亩，大田种植6390亩。项目区共1361户种植户参与种植，最终产量经惠水县扶贫开发领导小组田间实测：一级原种"费乌瑞它"种薯秋繁平均亩产1839.5千克，"黑美人"种薯平均亩产1352千克；一级种扩繁平均亩产1892千克，各级种薯均达到预期产量。参与实施二级原种扩繁项目农户140户，创产值373.5万元，实现项目区农户户均农业创收2.67万元。全县总产量在4150吨左右，实现总产值1030万元，项目户户均增收 5000 元左右。

2014 年，脱毒马铃薯种植项目区以传统农业为主，主要种植作物有水稻、玉米、蔬菜、油菜、马铃薯、经果林等，人均耕地面积 1.25 亩，人均粮食占有量 168 千克，农民人均年收入 5894 元，低于全县平均水平，农村可支配现金收入有 55% 左右主要来源于外出务工收入。

2015 年，惠水县脱毒马铃薯一级原种及一级种薯扩繁种植项目春秋两季共完成 800 亩，其中一级原种扩繁春季完成 100 亩；一级种扩繁完成 700 亩（春季完成 350 亩，秋季完成 350 亩）。该年的脱毒马铃薯平均产量为：一级种扩繁，"费乌瑞它" 1250 千克 / 亩；"黑美人" 1000 千克 / 亩。按 2 元 / 千克计算，创产值 175 万元，实现项目区农户户均收入 1.2 万元。

当年马铃薯扩繁项目区仍以传统农业为主，主要种植作物有水稻、玉米、马铃薯、冷凉蔬菜等，人均粮食占有量 380 千克，农民人均收入 5800 元，低于全县平均水平，农村经济发展相对缓慢。

2016 年，惠水县完成原种扩繁 300 亩，项目为原种扩繁项目，可为一级种扩繁项目提供 550 亩以上的原种供应；覆盖精准扶贫贫困户 2000 人左右，品种选用"费乌瑞它"，平均产量 1000 千克 / 亩。通过项目实施，2016 年原种扩繁项目产量在 30 万千克左右，扩繁后的种子无偿发放给项目区镇办的合作社及精准扶贫贫困户种植。

总的来看，扩繁项目建成后，一级原种繁育平均产量达到 1250—1750 千克 / 亩，二级原种平均繁育后产量达 1500—1750 千克 / 亩，一级种扩繁后产量达 1750—2250 千克 / 亩，按平均单价 2.6 元 / 千克计算，项目区农户的收益保障在 4000 元 / 亩以上。此外，优质薯种植项目亩产可达 2.5—3 吨，全县创总量 8500—10000 吨，按市场售价 1.6 元 / 千克衡量，可实现年产值 1360—1600 万元，扣除其他成本投入，亩产值可达 3000 元以上。

结合三年原种扩繁项目和优质薯种植项目带来的经济效果看，脱毒马铃薯扩繁与种植项目取得了较好的经济效益。

（二）社会效益

2014 年扩繁项目区 34842 人，共计 7778 户，主要是以汉族、布依族、苗族为主，总人口中有贫困人口 9659 人，合计 2184 户，分别占项目区总人口、总户数的 27.7%、28%。仅项目覆盖范围来看，共覆盖 1350 户 6230 人，其中贫困户数 1080 户共计 4980 人。以每个项目户种植 3 亩的规模来计算，户均可创现金收入在 9000 元左右。对当地的扶贫工作也是一大助力。

2015 年项目区有农户 392 户，总人口 1920 人，其中少数民族人口占总人口的 80%，其余人口为汉族，贫困户数合计 99 户，共 405 人。项目实施中覆盖农户 67 户，共计 325 人。

2016 年项目实施区劳务工资共发放 149515 元。项目实施中工时耗费在 4000 小时左右，覆盖的精准扶贫贫困户达 2000 人左右。精准扶贫推力越见明显。

在项目实施过程中，惠水县还为项目区参与户提供多方面支持。如：惠水县扶贫开发局组织全体女同志在"三八"国际妇女节当天到和平镇与种植户一起劳作，并在此过程中向种植户传授种植马铃薯相关的技术知识；惠水县还曾通过召集群众，进行实地现场的操作、讲解、示范，帮助种植户掌握马铃薯从切种消毒，到开箱整地、施肥撒药，以及播种覆土等环节科学规范的种植方法。

由此，惠水县脱毒马铃薯扩繁及种植项目社会效益归纳如下。

（1）通过项目实施，促进项目贫困乡、村种植结构调整、优化。

（2）充分挖掘和利用项目区各类优势资源条件，发展短、平、快优势产业，既提高土地的利用和产出率，又实现农业增产、增收，促进农村脱贫致富、农村经济发展。

（3）通过技术培训，使项目区农户熟练掌握马铃薯生产实用的科学技术，对提高农民生产技能和综合素质具有十分重要的作用和意义，直接推动了项目区农业科技进步和劳动生产力水平的提高。

（4）项目的实施培育和带动了农业专业合作社的发展壮大，提高了农民生产的组织化程度，对农业产业的发展具有现实意义和积极作用。

（5）项目的实施既增加了项目区农户就业机会，又拓宽了农民增收致富渠道，加快了项目区农户、特别是贫困户减贫摘帽的进程和步伐。

（三）生态效益

目前，在农业生产过程中，农药、化肥和农膜超量使用现象广泛存在。2006—2016年，贵州省农作物播种面积由4854.95千公顷增加到5596.81千公顷，增加15.28%；农药使用量从1.06万吨增加到1.37万吨，增加29.24%；化肥使用量从80.23万吨增加到103.67万吨，增加29.22%；农膜使用量从30681吨增加到49403吨，增加61.02%。可见，在贵州省农业发展过程中，农药、化肥和农膜使用量已经迅速增长，过量使用现象普遍存在，这会对耕种的土壤造成损害，尤其是土壤中的有机质含量减少，进一步使土壤的营养结构遭到破坏，从而对农业生态环境造成负面影响。但惠水县马铃薯种植项目实施的技术流程对这部分农业生产资料的投入有规范化的控制。

此外，贵州地处南方，农业生产存在季节性闲置，土地资源浪费，这就需要提高土地复种指数，发挥粮食增长潜力。而当地的马铃薯种植分为春繁和秋繁两季，能有效弥补这一不足。基于此，项目实施不仅不会对农业生态环境造成破坏，相反对改善农地土壤条件有较好作用，有利于提高土壤的生产能力。

第二节　紫云县农业局高产玉米种植推广

一、基本情况

紫云县猫云镇位于紫云县北面，距紫云县城 30 千米，是望谟、紫云、安顺的交通枢纽。该镇年平均气温 15℃ 左右，无霜期 288 天，平均降水量 1330 毫米，日照充足，气候温和，适宜种植玉米、水稻、经果林等作物。该镇创建万亩高产示范片 1 个，示范面积 10034 亩，涉及猫营镇 9 个行政村，2711 户人家。按照《全国粮食高产创建测产验收办法（试行）》和《贵州省粮食高产创建测产验收实施办法》要求，共抽取验收样本 30 个，验收面积 52.8 亩，项目成果 552.6 千克 / 亩。

二、推广效益

示范项目的基本情况是，示范总面积 10034 亩，平均单产 552.6 千克；主产品当地市场价 2.8 元 / 千克，副产品当地市场价格 0.15 元 / 千克。该项目单位成本 740 元 / 亩，对照单位成本 600 元 / 亩，项目亩推广费用 32 元。

根据以上基础数据，按照四川省农科院农业科技成果经济效益计算方法，对该项目进行经济指标计算评价（保收系数是 1，副产物系数是 1.2）。

（1）亩新增产量 166.6 千克，增产率 43.16％；项目总产量 554.479 万千克；项目年新增总产量 167.166 万千克。

（2）单位新增产值 496.468 元，年新增总产值 498.156 万元；单位新增净产值 324.468 元，项目年新增纯收益（新增总净产值）325.571 万元；实现项目区人均增粮 146.8 千克，人均增收 285.9 元。

（3）项目单位投入产出比为 1：2.23；单位新增投入产出比为 1：2.32。

项目实施后对带动农户（特别是偏远地区的农户）具有显著的社会效果。项目的实施使高产技术逐步向紫云县的偏远山区推广，改变了传统的种植模式；杂交良种的大面积推广，科学平衡施肥的普及，使得种植密度更加合理。这些变革有效带动了其他乡镇玉米高产栽培技术的革新，并且辐射带动的面积不断扩大。

三、技术路线

针对紫云县农民劳动力紧张和老龄化、女性化的问题，农业局开展玉米高产田间实验并配合测土配方为玉米高产实施打下良好基础。一方面通过积极宣传，鼓励农户参加专家的培训来提高农民增产意识和掌握田间增产技术；另一方面成立技术指导小组负责指导现场操作，为玉米高产的大面积推广提供技术基础。

（一）做好宣传，抓好技术培训及指导

广泛宣传，发动群众，创建良好的群众氛围；聘请老专家，加强技术指导；实行专家和技术员承包责任制，开展全程技术指导，确保关键技术落实到位；技术人员做好蹲点工作，做到品种统一、育苗统一、肥水管理统一、病虫草鼠害防治统一等。

（二）坚持组织领导，成立技术小组

以紫云县农业局局长为组长、分管副局长为副组长、相关业务站负责人及业务骨干为成员，成立项目技术指导小组，确保每村1名技术人员。技术指导小组负责制定技术方案、进行技术培训及技术咨询、指导农户现场操作、项目物资发放、检查技术到位率、建立健全田间档案、开展大面积测产、配合验收专家组搞好项目的田间测产验收、收集整理项目资料、撰写项目实施总结等。

（三）改变传统耕作模式

积极与农民合作社合作，使农机与传统耕作模式结合，推广机耕、机播、机收，使农业技术和机械技术有效地进行互补，真正减轻农民负担，提高农业生产效率。

（四）统一技术规范

紫云县肥料施用普遍存在重氮、轻磷、少钾的问题，肥料利用效率低，致使产量不高，经济效益差。在实施项目的过程中，结合当前该县土配方施肥技术现状，积极开展肥料实验，不断完善高产栽培技术，实现增产增效目的。

（1）统一使用适宜本地的优质高产杂交玉米品种（如金玉818、兴海201等）。

（2）栽培方式有营养球移栽和地膜覆盖直播两种方式。营养球以农家肥作为制作基础，放入苗床覆上塑料薄膜，并放入种子，在其发芽7—15天内进行移栽。地膜覆盖直播是整地施底肥后起垄，播种后覆膜（每亩留苗4000株左右，亩用种量3—4千克），在垄面喷洒除草剂，并注意除病弱苗、补苗。

（3）做好苗床管理，注意肥水施用。结合该县测土配方项目实行配方施肥，做到底肥足、养分全、追肥及时。

（4）做好大田管理，及时查苗补苗。注意中耕追肥，及时防治病虫害。坚持预防为主、防治结合。

（5）加强交流学习。一是在关键农时季节，组织技术人员、村组干部和农民群众到示范片学习观摩，大力宣传推进高产创建中涌现出的好做法、好典型，营造良好舆论氛围。二是加强与兄弟县的交流学习，派遣技术人员参观兄弟县的示范区，交流学习好的经验、做法，取长补短。

四、基本经验

在此过程中需要提前制订详细计划和提供有力技术支撑，保证达到理想的目的，使农产品增产，使农户增收。

（1）优良品种是基础。品种是获得高产的关键，要结合当地实际，根据土壤条件和气候特征推广适宜品种。在易旱地区要大力推广应用耐旱等抗逆性强的品种，有效提高增产保障，并降低风险。

（2）技术到位是支撑。通过强化技术服务，科学指导生产，为高产提供强有力的技术支撑。

（3）技物配套是关键。高产创建指标要求高，投入标准较传统种植高，在项目资金的支持下，提供肥料、农药、机械等物资帮助，以减轻农民负担。

（4）干部群众配合是保证。万亩高产创建涉及农户比较多，落实示范地点、组织技术培训、开展技术指导等工作任务繁重，主要靠基层干部做工作，要切实搞好干群关系，真正把农民发动起来、组织起来，获得好的效果。

五、农业推广理论的应用及启示

农业推广是根据不同的地域、空间、人群，结合集体指导法、个别指导法通过现场培训、观看示范片等形式，采用不同或相同的推广方法，使新型种植方式得到广泛应用。玉米高产推广通过发放宣传手册、病虫害图片等增加农民玉米种植知识。采用集体指导法，在政府项目的资金资助下对农民进行面对面培训，技术人员驻扎到农村，便于在田间地头查看并现场指导学习，使农户相信政府、相信科技，有信心增产增收，为下年度的玉米高产种植推广打下良好基础。

农业推广理论的启示主要有以下几点。

1. 政府主导与科技资源有机结合

在各种推广力量中，政府推广体系是主导力量，对其他农业与农村开发服务组织有协调和影响作用。在各种社会力量的加入下，推广能力不断壮大，使农业技术推广体系呈多元化发展趋势。事实证明，科技是影响农业技术推广成功的关键因素之一。科技资源可以为农业推广提供技术保障，增加推广的可靠性，实现增产增收的目的。

2. 政府投入是推广成功的关键

政府的作用主要是通过投入来推动和引导农业技术推广。政府投入的形式主要包括：支持建立推广组织、实施推广计划、对农民进行培训等。政府投入的普遍做法是中央、地方政府共同承担推广经费，以项目为依托达到农业推广的作用。

3. 创新推广理念

重视网络技术和多媒体技术与农技推广的应用结合，在与新技术结合的前提下，注重培养新型农民，提高农民文化素质，使农民适应新形势下农业和农村经济发展的需求，满足市场经济条件下农民多元化发展的需要。

第三节　阳和乡富裕村竹细肉牛养殖推广

一、基本情况

都匀市阳和乡富裕村竹细片区是阳和乡最边缘的水、苗聚居自然村寨，该片区距政府有近 6 千米的路程。四面环山，交通较为闭塞，经济比较落后，现区内有耕地 400 多亩，人口 500 多人近 150 户，人均耕地不足 1 亩。富裕村竹细片区农业产业化水平在都匀市三个水族乡中算是发展最好的，该片区现在成规模的主要有种草养牛、海花草种植和茶叶加工三大块。现豪勇养殖场为阳和乡"185"工程示范点，并且在李兴良几兄弟的带领下成立了豪勇养殖专业合作社。海花草种植示范面积 80 亩，在韦德兴带领下阳和乡现在种植的海花草种植面积达到 600 亩，总产值可以达到 500 万元以上，带动了周边两个水族乡海花草种植，成立了阳和乡豪勇海花草种植专业合作社。同时该片区种植茶叶 200 亩，综合利润可以达到 100 万以上。现在该片区种植白术 50 亩，杜仲育苗 10 万株，打算利用荒山荒坡种植杜仲 200 亩，综合效益预计可以达 200 万以上。

二、推广效益

（一）经济效益

阳和乡肉牛养殖的推广作用主要表现在经济效益方面，在贵州全面脱贫的大背景下，产业扶贫发展"一村一品"使得肉牛养殖体现出了扩散效益。不仅促进当地的经济增长，带动人民脱贫致富，而且肉牛养殖的推广也促进了周边乡镇经济发展及其他农产品的积极生产，比如肉牛养殖带动当地玉米生产和谷糠的再利用。此外，当地农户和养殖户在养殖肉牛的过程中将肉牛的污物进行堆积发酵，用于农作物的种植，使得农作物的产量大增，加快了农业经济发展的步伐。

（二）社会效益

用外出务工学习到的养牛技术回乡创业，于2009年度成立阳和水族乡豪勇养殖场，促进了农户就业。直到现在，阳和乡成立了肉牛养殖专业合作社，在很大程度上鼓励当地农户进行肉牛养殖，合作社作为连接农户和市场的中介服务单位，一方面增加了农户对市场的了解，一定程度上打破了市场信息不对称的局面，使其进行科学有效养殖；另一方面增强了农户和市场（主要是公司）的谈判能力，改变其原有的弱势地位。这样提高了农户的养殖积极性，一些养殖大户会雇人养牛，在带动贫困人口自家养牛致富的同时，也促进了没有条件养牛的贫困户就业。

（三）生态效益

肉牛养殖除专用饲料外，还有玉米、稻谷和野草。植物饲料对肉牛的养殖是非常科学有效的，一是成本低，二是牛本来是反刍动物，经过植物饲料喂养的肉牛，牛肉品质鲜嫩可口，比加工饲料养殖出来的牛肉更受消费者欢迎。因此，阳和乡收购周边群众的稻草、玉米秆、麦秆，变废为宝，变成了养牛中不可缺少的饲料原料，同时也促进了群众增收。另外，肉牛的科学化、可持续化养殖减少了对自然植被的破坏。肉牛绿色养殖是最科学规范的养殖模式，这也引起当地政府对环境保护的高度重视。当地政府不允许农户乱打农药、滥用化学肥料等，以免影响肉牛的健康养殖，既保证牛肉优质安全，同时，又保护了自然环境，避免残留的农药化肥对农村饮水的污染和加重土壤板结等。

三、技术路线

（一）肉牛养殖技术培训

对于阳和乡肉牛养殖，政府部门高度重视其发展，不仅在资金上给予支持，技术上也有相应支撑。以扶贫部门带头的各单位，在肉牛养殖场分配一两个专业技术人员，驻村对肉牛的营养供给技术和疾病防控技术进行集中宣传指导、培训。技术指导和培训贯穿整个养殖过程，从母牛选种到小牛长大卖出，各种技术贯穿应用其中，使养牛户很直观地学习到养殖技术。在一定程度上减少了肉牛生病甚至死亡的数量，使农户养殖成本减小、损失减少，促进养牛产业健康发展。

（二）良种肉牛采取人工授精技术

由于肉牛生殖过程中的受胎率极低，为了减少这种情况，养殖人员将品种优良的肉牛的精液冷冻起来，在后期母牛受孕的时候采用人工授精的方式，使母牛的受孕率得到提升。人工授精的技术目前虽然已经成熟，但是在应用的过程中仍然需要解决很多问题。首先在选择公牛的精子时，为了选取基因优良的公牛精子，一般在已经生殖的公牛中进行筛选，从而避免选择的精子存在遗传病以及其他病症。其次在冷冻精液的过程中采取了严格的无菌消毒冷冻技术，以保证精液在冷冻的过程中不会出现问题。再次在人工授精之前，要对母牛的饲养进行严格管理，同时要对母牛进行发情鉴定，然后选择品质良好的精液，进行人工授精，提高母牛的受孕率。最后对受孕母牛定期进行体检，防止怀孕母牛流产。

（三）科学的疾病防控措施

肉牛养殖过程中，由于圈舍卫生条件不达标或者饲养技术不合理等，会使肉牛感染病菌和发生疾病。因此，科学的疾病防控措施是减少肉牛发生疾病的关键。疫病防疫净化的过程中，免疫和监测要同时进行，在养殖的过程中，定期对肉牛进行体检。肉牛易发生的疫病有口蹄疫、布鲁氏菌病以及结核等。如果发现有患病牛，应立刻采取隔离治疗，同时对该牛的生活环境进行消毒。针对规模化养殖的养殖户，采用程序化的免疫步骤对肉牛进行免疫，而对散养的农户在春秋两季定期定点进行免疫，同时建立免疫档案和养殖档案等。

（四）合理选择饲养技术

大规模肉牛养殖不仅造成饲草供应不足，还会严重影响当地生态环境。同时，肉牛身体一些微量元素及维生素是草本饲料里没法供应的，如果只饲养植物饲料并不能满足肉牛生长需要。所以，在专业技术人员的指导和培训下，农户科学选择饲养技术是养殖合格肉牛的关键。一般情况下，饲草和加工饲料混合饲养是养殖的最佳组合。比如说在1—5月是植物生长繁茂的季节，可根据肉牛的体质情况放养。到了5月份过后，饲草缺乏的情况下可针对性地选择喂养饲草、饲料，养殖人员定期检查肉牛的生长情况，这样可以使肉牛快速生长。

四、基本经验

（一）因地制宜扩大规模

基于阳和乡得天独厚的自然环境，四面环山有助于形成明显的小气候，非常适合养牛和栽种草木花卉。阳和乡富裕村豪勇片区可以根据自身的特点重点发展茶叶和海花草种植，做大做强这两大产业，充分利用荒山荒坡发展肉牛养殖，同时可以利用当地良好的生态发展林下养鸡产业。在因地制宜扩大规模的同时，要注意自身的特点和优势，不能盲目地引进项目，而要注意对环境的保护工作。

五、农业推广理论的应用与启示

（一）建立健全科研、开发和推广三位一体的体制机制，促进三者的有机结合

该片区虽然在 3 个水族乡中农业产业化水平较高，但是规模还是太小，目前很难产生规模化产业应有的经济效益。如李兴良的肉牛养殖场饲养的肉牛一次出栏不足 20 头，很难吸引外地客商和肉牛加工企业前来收购，销售利润不能达到最大化。同时由于富裕村豪勇养殖场地理位置较为偏远，饲喂饲料主要从都匀购进，饲喂出来的肉牛要拉回都匀才能往外销，运输成本较高。海花草种植虽然达到一定的规模，但是其 80 亩的产量无法满足一台打包机正常的运转，只能散装拉出去进行打包再外销，相比在当地进行打包运输，成本大大压缩了利润空间。其他的项目规模更小，很难产生规模效应。

（二）加大农业科技创新的资金投入力度

一些农户虽然在外从事肉牛养殖多年，但是由于自身的文化素质较低，在专业知识上还需要继续学习，特别是要加强从宏观上对养殖场的把握，同时在防疫和饲料管理上需要完善的地方还很多，在养殖理念上还有很多思想需要更新。

（三）农业推广理论概述

农业推广相关理论有创新传播理论、创新扩散理论和创新采用理论，这一系列理论涵盖农业技术推广的全过程。

（1）创新传播理论是在传播学的基础上，包括组织学、教育学、语言学、媒体学和其他传播方法理论。这些与农业推广相关的学科内容和理论及其相应的方法都是能够辅助农业推广者将新的、高效的农业生产技术、农业经营管理方法传播的重要手段，并且能够解决如何

有效使用传播工具进行农业创新的问题。

（2）创新扩散理论是农业技术推广的核心理论，其方式、过程、模式、性质、影响因素等是我们选择推广项目和推广方法的重要依据，在某种程度上这些是决定农业技术扩散成败的关键因素。同时创新扩散理论包括信息学理论、成果转化理论、项目平价理论等。

（3）创新采用理论牵涉农业技术推广时技术接受者的心理行为分析，包括接受者对新技术的认知、态度、需要、动机、目标、激励等多种内在因素，同时也涉及一些外部因素，如市场、政策、社会、自然环境等综合因素。研究和分析农民对创新的采用行为规律和影响因素以及心理动机，来分析农民对农业创新技术的需求，从而有利于增强农业推广项目选择和传播方法的针对性，提升推广效果。

（四）农业推广理论应用与启示

1.规划牛圈选址，合理布局圈舍

肉牛养殖圈舍选址的科学合理关系到肉牛的生长情况，如疾病感染、牛肉质量，牛粪便排放等关系到生态环境保护和水源质量安全，直接影响到养殖户的成本收益情况。因此，牛圈选址科学合理，应做到交通方便、水电方便，节省运输和建筑成本。建成的圈舍，要远离人口集中地，远离饮水区，尽量处在常年风向的下风向。圈舍要保持干燥，选在有坡度的山地较好。圈舍应本着科学合理的原则修缮，确保养殖环境冬暖夏凉。同时，选址要考虑到供水、供料的方便性，注意场地清洁卫生。搭建牛舍时，应注意设施的牢固安稳，避免牛体滑倒。

2.构建严谨的防疫制度，减小肉牛感染疫病的概率

首先，配置必要的消毒设施，注意对牛舍的定期消毒。其次，在各种牛病流行季节，应做好接种防疫工作。再次，注意牛病的监测，

发现疫情及早诊断，做好防病管理工作。最后，相关的畜牧主管部门也要对肉牛的养殖进行严格的把控，一旦发现违规操作或者没有作好防疫工作的养殖场要严格处理。除此之外，也要构建一套严格的管理制度，以此保证肉牛的绿色安全。

3. 提升喂料营养价值，确保肉牛健康安全

肉牛养殖期间，注意饲喂日粮的质量，适量增喂全价饲料，满足肉牛营养需求，缩短养殖周期，获得更高的经济效益。可以通过增加牧草种类、提高饲料的营养价值来解决饲料营养低的问题。青草丰富的季节要以青饲料为主，一般禾本科牧草占 70%，豆科牧草占 30%。进入冬季枯草季节，青绿饲料减少，可种植部分冬季牧草，如黑麦草等，也可利用青干草和青贮饲料。最重要的是，要制定一套科学有效的饲养方案来提高饲料的营养价值，并保证肉牛的质量。

4. 推广先进的繁育技术，适应社会发展需求

随着社会水平的高速发展，传统肉牛繁育技术已经不能适应社会发展对肉牛养殖品质的市场需求。为此，不断改进推广先进的肉牛繁育技术，成为时下极为关注的热点话题。近年来，人工授精技术得到推广，有利于培育高品质的肉牛，这大大提升了牛肉的品质。经实验证实：养殖一头优质种公牛每年需 3000 元，而经人工输精配种繁育肉牛花费的人工费用也就几百元。通过杂交改良技术的推广，将更有利于肉牛养殖产业的发展，大大提升肉牛养殖的经济效益，为市场提供更安全优质的牛肉。

第四节 独山县地方牛品种改良技术推广

一、基本情况

独山县地处贵州南部，交通便利，冬无严寒，夏无酷暑，有着70万亩天然草坡和25.3万亩耕地，适宜牧草的生长和饲养草食家畜，可利用的牧草资源丰富。畜牧业是该地区农村经济发展的主要产业，特别是节粮型草食家畜——肉牛和奶牛更具有极大的发展潜力。但是，独山县地方品种肉牛个体小、生长缓慢，传统上作为役牛使用，出肉率低、肉质差，长期以来缺乏系统的选育选配和改良，在群放群牧过程中存在着野交滥配、近亲繁殖现象，引起品种退化、生产性能低下，远不能适应畜牧业发展的需要。近几年，为响应省、州建设畜牧大省、强州的号召，县委、县政府制定了建设畜牧业大县的目标，举全县之力，加快畜牧业大县建设步伐。1999年，独山县恢复了牛品种改良工作，探索了养牛生产繁殖的基本技术问题，并建立了牛品种改良点，利用西门塔尔、利木赞、安格斯、南德温、摩拉、荷斯坦等优质品种牛冻精输配改良奶牛和地方品种黄牛及水牛，取得初步效果。

在此前提下，独山县畜禽品种改良站2003年将"用国外优质品种牛冻精改良地方品种牛"技术列为科技应用项目在全县示范推广，推广年限3年，即2003年1月至2005年12月。计划完成冻精改良母牛14000头，受胎5880头，受胎率42%，产犊成活5600头，产犊率40%。

二、推广效益

为了促进独山县畜牧业的发展，独山县建立并实施了奶牛、肉牛品种改良项目。立项后，制定了项目实施方案，以科学发展观为指导思想，提高项目科技含量，体现了科学技术是第一生产力，成立了县项目领导小组和县项目技术实施小组，制定了行政管理措施和技术措施，组织技术员对当前所取得的成功经验和影响冻配改良成功的因素进行了认真的分析和探讨，提出了解决的措施和办法。

该项目的实施从根本上保证了全县奶牛的繁殖，改良了奶牛后代，提高了奶牛品质。与此同时也培育和壮大了肉牛交易市场，使独山县的肉牛交易市场得到较大的发展，产业链得以延长，产品质量得以提高，增加了养殖户收入的同时也提高了政府财政税收收入，扩大了产品的知名度和市场竞争力，产生了明显的产业效益、经济效益和生态效益。

（一）产业效益

本项目的实施提高了独山县母牛的繁殖率，由于应用冷冻精液人工授精，本县节省了饲养种公牛的大量资金，消除了公母牛繁殖受地域的影响，解决了公母牛体格悬殊不能交配繁殖的问题，有效地防止公母牛交配繁殖可能发生的疾病传染，充分体现了该项目的先进性，提升了产业水平和效益。

（二）经济效益

在品种改良项目三年的实施期内，独山县共改良奶牛和地方品种牛 13248 头，产生改良牛 7781 头，其中改良繁殖奶牛 883 头、杂交黄牛 3403 头、水牛 3495 头。杂交黄牛个体产值 2371.20 元，增产 1529.70 元，杂交水牛个体产值 2448.15 元，增产 1150.15 元；总产 1899.71 万元，新增总利润 678.9 万元。该项目的实施从根本上保证了独山县奶牛的繁殖，改良了奶牛后代，提高了奶牛品质。据对市场上的杂交肉牛和牛肉的调查了解，杂交肉牛及牛肉市场上本地品种售价为 40 元左右。经济效益良好，产生了一批肉牛养殖大户及奶牛专业户，促进了全县农业产业结构的调整。培育和壮大了肉牛交易市场，使该县的肉牛交易市场得到较大的发展，同时牛肉加工厂也得到发展壮大，牛肉交易数量和质量得到提高，增加了独山县税收收入，扩大了该县肉牛及其产品的知名度和市场竞争力，产生了明显的经济效益。

（三）生态效益

由于产业壮大与发展的需要，养殖区扩大了牧草的种植面积并加大对草山草坡的开发、利用及保护力度，推动了退耕还草工作的进展，有效地保护了水土资源。同时由于农户养牛规模的扩大，牛多粪多，养殖区修建了沼气池，净化了农村生活环境，减少了牲畜疾病的传播，沼气的利用减少了对森林植被的毁坏，促进了生态环境的保护，沼液用于种植牧草和粮食，牧草用于养牛，形成了"牛多—粪多—草（粮）多"的良性循环发展模式。

三、技术路线

自从开始实施品种改良项目以来，独山县引进的优质品种牛有原产地瑞士的西门塔尔牛、法国的利木赞牛、英国的安格斯牛、南德温牛、印度的摩拉水牛等，这些肉牛体格高大，成年牛体重 700—1300 千克，早熟，生长快，易育肥，肉质好，出肉率 55%—65%；有荷兰荷斯坦奶牛，其体格高大，体型美观，体重 500—1000 千克，年产奶量 10000—12000 千克。以上几个品种的肉牛和奶牛均属于世界著名良种，在世界各国广泛养殖。

实施改良项目以来，打破了长期以来各地实施该技术存在的受胎率低、产犊率低的格局，创造性地采取了建立示范点、建立流动点、建立母牛产后保健制度、种植优良牧草、树立草畜平衡典型和选择肉牛杂交组合五项技术措施和办法，有效提高了全县母牛的受胎率和产犊成活率。

以上两方面的内容代表着独山县品种改良项目实施中的相关技术路线，在这样的路线实施方案之下，独山县畜牧业发展迅速，产业综合效益不断提升。具体的技术如下。

（1）牛改点固定专职技术人员和输精员，确保发情母牛适时输配，并搞好跟踪服务。

（2）严格执行国标和省标《牛人工授精技术操作规程》。

（3）技术人员加强技术业务学习并及时交流工作经验，提高技术水平和实际操作技能。

（4）为了提高母牛的受胎率和产犊率，实行自然发情输配。

（5）淘汰本地品种公牛，确保繁殖母牛全部人工输配，保证输配质量。

（6）开展技术培训，使养牛户能够准确鉴定母牛发情，掌握适时配种方法，以及对怀孕母牛和杂交肉牛的饲养管理方式。

按照组织措施和技术措施，分年度落实了工作任务，签订了岗位任务书。全县共有畜牧师1人，兽医师2人，助理畜牧师18人，助理兽医师11人，技术员17人及农民输精员等共72人参与项目工作。三年内先后在城关、兔场、羊凤、本寨、水岩、下司、甲里、麻万、尧梭、上司、打羊、基长、甲定、董岭、黄后15个乡镇建立了30个固定牛改点和29个流动点，其中以兔场、上司两个牛改点为示范点，投入主要技术力量抓好示范点技术工作。牛改技术服务覆盖全县54%的肉牛养殖乡村和全县100%的奶牛项目户。

四、基本经验

（一）组织与管理措施方面的经验

为确保项目顺利实施，独山县畜禽品种改良站召集兔场等15个乡镇畜牧站技术员参与讨论制定了项目实施方案，以科学发展观为指导思想，提高项目科技含量，体现科学技术是第一生产力。在组织与管理方面提供了如下几点值得借鉴的经验。

（1）成立了县项目技术实施小组，由县品改站畜牧师任组长，县品改站全体技术员和15个乡镇畜牧站站长为成员，负责指导全县牛改技术实施，总结交流牛改经验，解决技术难题。

（2）乡镇行政干部与技术干部积极配合，宣传、动员群众适时牵牛到牛改点检查输配并淘汰地方品种公牛。

（3）加强宣传。通过召开群众会、乡镇干部会、村组群众会等大力宣传牛改的好处。充分利用报刊、标语、墙报、广播、技术资料和图片等开展宣传，让群众认识到牛改的重要性。

（4）对全县参加牛品改工作的输配员进行技术考核上岗，定期或不定期进行技能培训。

（5）设专职牛改输配员，定人定岗定责，签订个人岗位任务书，建立奖罚制度，奖励先进，惩罚落后，确保工作任务的完成。

（二）操作技术方面的经验

按照项目实施方案提出的各项技术指标和技术措施。项目实施前期由技术实施小组对全县各牛改点技术人员进行了牛人工授精技术综合培训，结合当前所取得的成功经验和影响牛品改技术成功的因素进行认真的分析和探讨，提出了解决的措施和办法，要求各技术人员严格按照国家和贵州省牛人工授精技术操作规程和标准操作，使用国家级定点种公牛站生产的优质国外品种牛合格冻精。从以下方面做好技术的提高和改良的效果提升。

（1）加强技能学习培训，严格技术考核。

（2）严格按照省标和国标建立合格的改良点。

（3）输精前后严格消毒器械，严把人工投精器械消毒关。

（4）严把冻精质量关。一是引进高质量细管包装的合格冻精，二是输精前严格检查精液质量，三是严格解冻操作，四是妥善保管冻精。

（5）严把母牛发情鉴定关，综合判断母牛的正常发情。

（6）严把输精操作技术关。确保输精技术操作正确，输精部位准确。

（7）自然发情输配，适时输精，提高受胎率。

（三）品种改良技术的推广经验

（1）建立示范点。投入主要技术力量，抓好示范点技术工作，用示范点的成功经验指导全县各点开展工作，并作为全县输配员交流学习和培训的基地，培训合格技术人员，服务全县牛品改工作。

（2）建立流动点。方便远离牛改固定点的群众配牛，扩大改良面，增加改良数，提高受胎率。

（3）建立母牛产后保健制度。产后采取措施预防和治疗母牛生殖系统疾病，保障母牛产后健康，提高母牛繁殖力。

（4）种植优良牧草，树立草畜平衡典型。改变过去只配不管的做法，动员养牛户种植优良牧草喂牛，使母牛体况好，乳汁多，犊牛强壮，同时让杂交牛采食优良牧草，保证其体质好、生长快，提高成活率。

（5）选择肉牛杂交组合。选择适合该县肉牛生产的杂交组合，积极向群众宣传推广。

为保证以上技术措施的落实，独山县畜禽品种改良站一方面争取县政府资金的投入，另一方面争取财政扶贫资金和上级业务经费，选址建点，增加改良点，完善器械设施，做到科学分析、合理布局、标准建点。高薪聘请省里的牛改专家和有丰富牛改经验的高级畜牧师及技术员长年到独山县示范点蹲点，搞好传、帮、带。同时派技术人员到毕节地区学习牛改经验，到省、州、科研院校参加技术培训，三年间，共请省、州专家在该县培训技术人员 7 期 68 人，选派技术人员外出培训 12 批 19 人。培养和壮大了独山县牛品改技术队伍，为项目打下了扎实的技术基础。

实施中期，对项目实施过程中总结的经验进行交流推广，进一步完善技术措施和管理办法，加大了对养牛户的技术培训，编写了《母牛繁殖与肉牛饲养技术》，广泛用于各种形式的群众培训会。三年实施期间，在 15 个乡镇举办了 137 次群众培训会，培训养牛户 8631 人次，发放技术资料 9000 余份（套）。内容涉及母牛的发情鉴定、适时输配、饲养管理及杂交牛犊的培育等，提高了群众的认识，牛品改工作得到群众的理解和支持。兔场镇政府专门为杂交牛戴大红花进行大规模集中游行；上司镇政府在全镇范围内评出"杂交牛王"一、二、三等奖多头，发给畜主奖金；县政府和畜牧中心针对近年来牛品改取得的成果，组织有关单位于 2004 年 11 月 20 日赶集天在县城举办了全县首届"科技牛王"大赛，省品改站，省草种场，省草科所，全州 12 市（县）畜牧局、品改站领导应邀前来指导、观摩、交流和学习。实施项目的 15 个乡镇挑选出 100 多头体格硕大、体型健壮美观的杂交牛集中到县城比赛，吸引了万余群众参观，分别评比出水牛和黄牛前三名"科技牛王"，由县政府发给畜主奖金。各乡镇除参赛畜主外，每村派出村组干部群众代表观摩，县电视广播等媒体加大宣传。群众眼见为实，深受鼓舞，牛品改良工作深入人心。

实施过程中，县站还每季度组织各牛改点技术员进行经验交流，并举办输配员技术培训班，培训技术干部和农民输精员，三年内，共举办10期技术交流培训班，107人次输配员技术得到提高。并结合州业务站实施的"牛改等级标准输配点"和"标准等级输配员"认证和评聘工作，对全县牛改点和输精技术人员进行技术等级认证考核和评聘，获得2个标准示范点、1个一级标准点、1个二级标准点和12个三级标准点的认证授牌，占全州等级输配点的34.7%；评定了23名等级输配员，占全州等级输配员的31.1%，其中高级输配员助理1名，中级输配员4名，中级输配员助理7人，标准等级点的认证和标准等级输配员的评聘数量和等级均居全州第一位，由州品改站授牌发证开展工作，并由州、县两级给予奖励补助，充分调动了全体牛改人员的工作积极性，促进了全县牛品改工作的开展。多年来，独山县牛品改良各项工作和技术指标均处于全州第一位，获得州业务站的表彰，也吸引兄弟市县同行多次到县参观交流学习。

本项目的实施以县技术实施小组和聘请的专家为主要技术力量，负责培训技术人员和解决技术难题，各实施乡镇在县牛品改领导小组的领导下，按技术实施小组的要求，严格执行技术方案，积极配合技术实施小组开展本乡镇牛改工作，随时反馈工作中的经验和需要解决的技术问题，各品改点半年写出书面工作总结向县牛品改领导小组汇报，有利于及时发现问题、解决问题，促进技术的提高。县牛改技术实施小组在开展技术指导的同时，还负责搞好牛改冻精、液氮、器械等物资的及时供应和补充，保证了各点工作的连续性和稳定性。各牛改点结合本乡镇、本牛改点服务的不同对象，创造性地开展工作。如每月定期出墙报宣传牛改知识，印发内容包括牛品改知识和技术人员姓名、服务的牛改点和电话、牛品改标语、杂交牛相片宣传、养牛户效益的"现身说法"宣传和走村入户拉家常式的宣传等，有力地促进了牛改工作的开展。如兔场镇康朗村张世昌家的8岁水母牛经过多年的自然交配未能繁殖，通过人工授精，怀孕产下杂交牛犊，引来邻近村组群众的围观，起到很好的宣传作用。

州、县两级政府和业务部门的一些奖励措施，如县畜牧办无偿提供养牛户每头杂交牛1亩优质牧草种，输精员每输配一头牛补助10元，每输配产下一头杂交牛奖励30元等，都有力地推进了牛品改工作向前发展。县牛改小组制定了奖励措施，经济效益与绩效挂钩，输配多，补助多，产犊多，奖励多，改变了项目实施前配多配少、产多产少报酬一样的方式，调动了输配员的工作积极性等方式。

通过以上经验来看，产业的升级发展离不开技术力量的支撑，既包括主要的核心技术也包括具体操作过程中一些细致的小技术；同时有效的管理组织制度也是提升产业发展过程中不可缺少的非技术性因素，这种因素往往比硬技术更加重要，一个组织的不断扩大发展，技术起到支撑的作用，而管理则起到维持与提升发展水平的作用，两者作用不同但是都不可或缺。在品种改良项目的推广中，独山县畜禽品种改良站不断建立新的改良站，拓宽其覆盖范围，增大其辐射效应，运用多种途径开展多种形式的项目推广活动，从而提升品种改良项目的影响范围以及提升产业发展的活力。

五、农业推广理论的应用及启示

（一）行为改变理论的应用

行为的定义是人都在一定的自然和社会环境中生活，其行动受生理和心理作用影响。人在环境影响下所引起的生理、心理变化和外在反应统称为行为。行为是人类特有的，具有明确目的性和倾向性的社会活动方式。行为的发生由人的内部需要、非内部需要和无意识三个因素共同决定，一项因素也可以诱发行为。行为的前提是人认识到自身的某种需要，并受到某种行为结果带来的效益的动机刺激，加上个体对期望的价值进行判断，在这些条件下，人就会对自身的需求和动机做出行动。

行为改变与扩散效应有一定的内在联系，当个体养殖户认识到使用新品种能带来效益之后便产生了对更高效益的需求欲望，在相关政策补贴的诱使下产生了行为动机，农户想要采用新技术去改善收入水平，在进行可操作性的判断之后便会进行决策。当农户了解到新品种的优势之后，加上政策的引导，农民会逐渐接受新品种而放弃之前的旧品种。在这个过程中，农民的养殖行为就发生了改变，大家开始接受并逐渐倾向于新品种的养殖，推广活动就能够顺利地开展下去。

（二）扩散效应与辐射效应的应用

根据罗杰斯提出的创新扩散模型理论，他认为创新扩散是一种创新在某一时期，通过某种媒介，传播于某一群体的过程。创新扩散是一种形式特定的传播，采用者参与其中，分享技术、信息等，加深理解并应用；创新扩散也是一种社会变革，使得采用者的结构或功能发生变化。

在独山县畜禽品种改良项目推广的过程中，也体现出了扩散效应。在项目实施的初期，由于资金不足、效益不突出等问题，品种改良技术并不能迅速地被广大养殖户所重视与采纳，此时，畜禽品种改良站的作用就得到了有效的发挥。通过引进国外先进技术，采用国外品种良好的牛的精子，然后通过冻精技术将其与独山县养牛品种结合，培育出了新的品种，进而提升了经济效益。农户在看到效益之后，加上政府对农户和技术人员的补贴措施，逐步提升新品种的影响力，举办大型的相关活动来扩散新品种的技术，提升其影响力与辐射范围，以此达到良好的推广效益。

第四章 特色产业推广实践案例

第一节 威宁县特色产业种植推广

一、基本情况

威宁县哲觉镇位于威宁县南面，俗称威宁"南大门"，具有"林海哲觉，国药之乡"的美誉，距县城 98 千米，东与云南省宣威市得禄乡、淌塘镇隔马摆河相望，南与云南省曲靖市会泽县大井镇毗邻，西、西南邻云南省曲靖市会泽县大井镇，北接黑石头镇、岔河乡，东北与麻乍乡接壤，全镇总面积 278.85 平方千米。其中，耕地面积 18.706 平方千米。326 国道贯穿南北，26 个村村村通公路，油路 1 条，长 14 千米。全镇辖 6 个社区、20 个行政村，居住有汉、彝、回、苗、布依 5 个民族，共 48711 人，最高海拔 2591.9 米，最低海拔 1604 米。

全镇民族团结，政治稳定，文化进步，经济发展，资源丰富。该镇的特色产业主要有烤烟、黄梨、鱼腥草、百合、魔芋、天麻、雪莲果、白术、黄芹、党参、三七等；主要粮食作物有稻谷、玉米、洋芋；畜牧产业主要有牛、猪、羊、鸡等。此外，哲觉镇还蕴藏有丰富的铜、铁、煤等矿产资源。

近年来，哲觉镇立足本地实际，因地制宜，坚持实施以"林海哲觉"为载体的生态立镇战略、以"国药之乡"为代表的特色产业发展战略和以"筑巢引凤"为载体的招商引资助推工业强镇战略,将"农村党员创业带富工程"作为重点,全面推行"1122"党员创业带富工作机制(即1个党支部培育2户10万元以上的特色农业种植大户;1名党员村干部自身发展2亩以上产业,同时指导帮扶20户群众发展种养殖),突出实践载体,加大帮扶力度,走出了一条党员带头、群众增收的特色产业发展之路。同时,该镇积极探索扶贫开发、生态发展的模式,成功走出一条生态与经济共赢的"哲觉经验"。哲觉镇是威宁县森林覆盖率最高的乡镇,全镇森林覆盖率高达64%,有4个省级生态村,边贸发达,盛产药材,有近4个亿的中药材产值,真正把"绿色银行"变成"生态红利",勾勒了一幅山青、水绿、家富、业兴的美好蓝图,让哲觉"林海哲觉,国药之乡"的美誉名副其实。

二、推广效益

(一)经济效益

2017年以来,哲觉镇紧抓精准扶贫、产业扶持政策机遇,依托市场调节,结合"1122党员创业带富工程""三变改革""公司+基地+合作社+农户"等发展模式,以种植百合、党参、半夏、鱼腥草、天麻等中药材为主,形成了多元、稳健的中药材种植格局。

全镇的中药材种植面积从2010年的6038亩发展到了截至2016年底的30000多亩,年产量5000多吨,年产值4千万元左右。哲觉镇直接或间接涉及中药材种植与销售的群众接近3万人,专业合作社5家,吸纳贫困户400多户,产品远销广州、亳州、昆明等地。哲觉镇返乡创业农民工倪某,几年前与村里的伙伴投资120余万元创建了种植中药材的专业合作社,种植中药材1000余亩,如今带动周边村寨 250 户 1000 多名村民增收致富，同时也促进了中药材产品的深加工、品牌打造，极大提升了药材种植的市场竞争力和抗风险能力，使全镇农业生产经营的集约化和组织化程度也得到快速提升。

2018 年哲觉镇造林 140 万株，封山育林两万亩，荒山野岭、房前屋后、公路沿线，到处披绿添彩。在哲觉镇随处可见百年古树、珍稀树木，还有国家二级保护树种——黄杉，该镇 26 个村都有黄杉的身影。此外，该镇已拟申报全省第一个黄杉重点区域保护项目，绿色是最好的 GDP，哲觉镇的生态环境和林业发展为其生态旅游业开发奠定了良好的基础。

（二）社会效益

中药材这一支柱产业的蓬勃发展对于哲觉镇扶贫工作起到了至关重要的作用，该镇的农民通过中药材等特色产业的种植实现了增收致富，"市场＋党支部＋合作社＋基地＋农户"的发展模式使农民的积极性高涨。另外，"1122"党员创业带富工作机制的实施将党员创业带富这一工程具体量化，党员村干部通过自主创业学习到了特色产业发展的技术和经验，不仅实现了增收致富，也避免了与群众争利的现象发生。同时，党员村干部通过在田间地头开展群众工作，帮助群众解决实际问题，加强了与群众的交流，帮助群众解决实际问题，使干群关系更加紧密融洽，把群众中出现的矛盾苗头解决在萌芽状态，促进了农村社会的和谐稳定。

（三）生态效益

"以生态城镇示范点推动城镇化，强化天然林保护，建设'林海哲觉'"是哲觉镇的发展保障，为了守护好 20 多万亩"金山银山"，哲觉镇聘请了 50 名护林员，具体负责处理辖区森林里出现的毁林开荒、乱砍滥伐、私挖乱采、随意放牧、滥捕乱猎和野外用火等违规行为。

当地群众在爱林护林的同时，利用良好的生态环境，大力发展核桃、苹果、花椒、石榴等果林经济，并发展林下经济，在自家山头和地块种植天麻、葛根等中药材，发展梅花鹿、野鸡等特色林下养殖。哲觉镇副镇长徐腾介绍说："群众在长期种植中药材中，还探索出利用松针作为'绿色地膜'发展中药材的先进经验。松针对耕地有保温、保湿、杀虫和改良土壤的功效，使用松针覆盖中药材，不但可省去塑料薄膜带来的'白色污染'，还增加了土壤的有机质含量。"

三、技术路线

（一）创新机制、引领群众共同致富

充分发挥"党委统筹、工委助推、支部引领、党员带头"的基层党组织核心领导作用，推行"1122"党员创业带富工作机制。村干部与贫困户结成对子，采取一带一、一带多的形式，帮助其出点子、趟路子、打样子，实现一人致富带动一方的效果。

（二）依托基地，发挥典型示范效应

按照"一村一品、一片一特色"的原则，把具有一定规模、效益较好的种养殖户打造成党员创业示范基地，定期组织党员和群众参观学习，近距离感受典型示范效应，拓宽发展思路，积累致富经验。

（三）搭建平台，促进特色产业发展

将原有的5个专业合作经济组织和1个种养殖公司进行整合，建立哲觉镇特色产业合作联社，成立以党委副书记为支部书记的特色产业党支部，有效提升专业合作经济组织对特色产业发展的引领和推动作用，形成和完善"市场＋党支部＋合作社＋基地＋农户"的发展模式，逐步壮大产业规模、规范产业发展，带领群众走一条农业特色

产业化发展道路。制定了"6+1"特色产业发展规划，将通过5年实施"6个1万亩"（即4万亩中药材、1万亩烤烟、1万亩经果林及蔬菜）工程，最终实现人均收入1万元的目标。

四、基本经验

（一）产业＋支部，农业发展有"钱途"

产业＋支部，将党支部建在产业链上，这是哲觉镇特色产业发展的第一招。过去，哲觉镇盲目扩大中药材种植面积，而广大种植户对药材市场缺乏了解，市场信息闭塞，大部分利益被中间商和小贩占据盘剥，严重挫伤了种植户的积极性，也制约了中药材产业向规模化和专业化健康发展。痛定思痛，哲觉镇探索"市场＋党支部＋合作社＋基地＋农户"的发展模式，引领特色产业逐步走向规模化、规范化和产业化发展。为了打破单打独斗的传统模式，哲觉镇突破地域限制，将党支部建在产业链上，指导产业合作联社带动发展。以合作联社为平台，实现了党建工作与经济发展的同频共振。

此外，哲觉镇充分发挥产业合作联社人才、技术、资金和市场优势，打造规模化的种植基地，吸引外商的加盟和投资，扩大影响力，形成专业市场，稳步提高中药材产品的附加值，让农民在中药材种植上实现利益最大化，使中药材种植产业真正成为农民致富的支柱产业和"黄金产业"。村党支部在打造基地过程中，通过产业合作联社实行土地流转，不但解决了部分群众就业难题，还充分发挥合作联社的技术优势，对种植户全面实行技术支持和种植技能培训，为特色产业发展提供技术和市场支撑。

（二）党员＋帮扶，脱贫致富有力量

党员＋帮扶，实施党员创业带富工程，是哲觉镇的又一创新举

措。该镇制定出台了"1122"党员创业带富工程，即1个党支部培育2户10万元以上的特色农业种植大户；1名党员村干部自身发展2亩以上产业，同时指导帮扶20户群众发展种养殖。如今，哲觉镇26个村78名村干部带头种植鱼腥草、半夏、党参、百合等中药材700余亩，带动群众发展中药材4700余亩，充分发挥了党员村干部创业带富的能力，同时有效巩固了村党支部的战斗堡垒作用。该镇还将村干部创业带富与工作实绩挂钩，纳入年终工作目标考核，利用"1122"党员创业带富工程的实施，通过不断的带领帮扶逐步消除贫困。党员干部的倾情帮扶也让群众在脱贫路上不再单打独斗。

（三）生态＋绿色，绿色是最好的 GDP

良好的生态环境是哲觉镇最好的财富，除了大力发展林业，封山育林、造林外，哲觉镇还大力实施生态移民搬迁，如中发村实施的100多户生态文明家园集镇建设，马桑林村生态移民搬迁工程等已成为群众发展小城镇建设的样板。"我们村凡是涉及民生项目都要开群众大会民主讨论，比如拿低保不是村委说了算，哪些该拿哪些不该拿，都要大家讨论决定。"马桑村村支书许林乖说。目前，哲觉镇中发村正按照"一特五新"的思路建设一个特色小集镇，创建发展型新班子，发展一个新产业，培育一批新农民，组建一项新经济实体，塑造一片乡村田园新风貌。生态好了，群众才能安居乐业。

五、农业推广理论的应用与启示

对于农业推广理论的应用可以归属于农业推广中农村精英的参与和推广。农村精英包括：专业合作社负责人、村干部、党员干部、创业带富能手。这些农村精英参与推广的动因主要有：一是服从上级的命令；二是社会尊重的需要；三是经济利益的驱使。农村精英与农户之间存在良好的人际关系，因为他们在农村有一定的影响力和号召力，这使农户对他们充满信任，甚至信服，在推广过程中，政府支持、示范引导、技术服务、辐射带动等形式，在调动农民积极性、组织项目实施等方面发挥了重要作用。当然，这样的推广模式的前提条件是政府能发挥自身优势，为农业推广提供适宜的环境，如健全组织机构、加强农村精英的培训和引导、提供农业推广必需的技术支持和公共服务、在项目实施过程中给予相应的政策倾斜等。综上所述，农村精英推广模式在农业推广中发挥着越来越重要的作用，可以对此种推广模式进一步研究改进并加以推广运用，以提高农业推广效率。

第二节　罗甸县火龙果示范推广

一、基本情况

（一）罗甸县基本概况

罗甸县隶属贵州省黔南州布依族苗族自治州，方圆 64 千米左右，罗甸县属于亚热带季风气候，具有春早、夏长、秋迟、冬短等特点，日照为年均 1350—1520 小时，年平均温度达 20℃，极端最高气温40.6℃，极端最低气温零下 3.5℃，年均降水量为 1335 毫米，无霜期长达 335 天左右，光照充足，雨量适中，得天独厚的气候资源、土壤环境及优质的生态环境使罗甸成为发展优质火龙果种植的适宜区，有"天然温室"之称。此外，罗甸县还拥有"贵州的西双版纳"的美誉，原因在于其特殊的气候条件。罗甸是贵州省的蔬菜、水果主要产区之一，是贵州省最大的桐油产地，拥有贵州省品质最好的黑山羊，还是贵州省条件最好的柑橘基地，脐橙、大叶果在国内是知名度比较高的农产品。罗甸柑橘曾经在清光绪年间作为皇室贡品。"新橙""锦橙""雪柑""椪柑"四个品种曾获得过国家级农产品优质奖和金杯奖，罗甸县曾于1986年被农业部列为国家柑橘基地县。

（二）火龙果种植基本概况

罗甸县是我国火龙果的原生地之一，已经在罗甸发现了15个野生品种。罗甸县于20世纪90年代开始全面引进和培育出"紫红龙"和"粉红龙"等优良品种，全县种植已经超过了6万亩，成为贵州省最大的火龙果种植基地。由于罗甸县自身的气候条件特点，非常适宜火龙果的大面积种植，2001年，贵州省果树研究所正式在罗甸县进行火龙果引种实验，并且罗甸县火龙果产业已经被贵州省委、省政府列入1号文件。同时，火龙果种植产业还得到了罗甸县政府的鼎力支持，引导和鼓励农民种植火龙果已经成为罗甸县农业推广的重要工作职责之一。经过实验成功以后，逐渐在罗甸县展开火龙果大面积种植推广，由2004年的3.3平方千米，再到2015年的4193平方千米，再到2016年的4293平方千米，罗甸县火龙果种植产业已经覆盖了县中南部低海拔乡镇：龙坪镇、八总乡、沟亭乡、罗妥乡、罗暮乡、罗悃镇、班仁乡、大亭乡、罗苏乡、红水河镇、茂井镇、板庚乡、逢亭镇、董当乡、凤亭乡等十多个乡镇的69个行政村，包括12400个农户51200人。

到2015年，罗甸县已建成并投产的农业园区有8个，并且实现了销售收入超过30亿。同时，引进农业生产的龙头企业共29家、专业合作社97家、流转的土地面积超过13万亩，在农业园区内共有97300多人受益。农业园区的建立为罗甸县农业产业的建设和发展提供了良好的发展平台。同时也为火龙果产业快速发展奠定了扎实的生产基础，经过多年的经验积累，罗甸县火龙果种植产业已经取得了较良好的成果。近年来，为了加快罗甸县农业经济发展的步伐，做好、做强罗甸县火龙果产业，罗甸充分利用"中国长寿之乡"等区域特色品牌，大力发展乡村旅游、休闲农业等观光农业，通过"旅游业＋火龙果产业"的发展模式，从火龙果产品的供给侧全面改革开始，逐步向以消费者偏好、市场需求为导向的生产模式迈进。2016年12月23日，罗甸县的火龙果农业科技示范园荣获贵州省省级"科普示范基地"荣誉称号，这为罗甸火龙果种植、加工等产业推广，打造火龙果罗甸县特色火龙果品牌夯实了基础。

至2012年8月，罗甸县所有的火龙果种植面积达5万亩左右，而且亩产在1300公斤左右，实现了亩产两万元以上的经济价值，并且成为全国闻名的"火龙果之乡"。罗甸县《第八批国家农业标准化示范项目——国家火龙果综合标准化示范区》的项目于2013年被正式批准实施。这个项目实施意味着火龙果产品标准化体系建设是以罗甸县火龙果生产为基础，通过罗甸县火龙果产业的发展来建立和完善中国的火龙果产品的标准体系，这就要求罗甸县火龙果种植产业必须坚持质量优先、以品质作保障的发展原则。为了加快完成火龙果产品标准化体系，罗甸县的火龙果自项目实施以来，一直在探索和引进优质的火龙果品种，于2017年，以紫红龙为主要种植品种的生产基地已经成功引进了自花授粉的新品种，其中有两家种植企业和1家合作社。罗甸县的火龙果生产坚持以先进适用的生产技术、品质优良的火龙果品种作为火龙果种植产业发展的基础保障。

罗甸县龙坪镇新民村火龙果基地交通便利，硬件设施完备，地处亚热带季风湿润气候，雨、热量丰富，具有高温高热、雨热同期、春夏季节夜雨较多的气候特点，十分适宜火龙果生长。该基地已于

2010年开始挂果试产，近年来种植面积已发展到3000余亩，2012年创产值1000余万元，80%以上的农户都参与到火龙果的种植业开发，已成为罗甸县一村一品，一村一特的典型案例。

二、推广效益

（一）经济效益

罗甸县火龙果产业的发展，使得罗甸县的农业生产总值得到了大幅度提升，为罗甸县的农民群众实现了增收致富的目标。截至2017年底，罗甸县的火龙果种植已经覆盖了全县多个乡镇的70多个行政村，已经有超过1.24万户约5.12万人口从火龙果种植产业中切实地得到了较好的经济效益，大部分种植户已经实现了人均收入过万的目标。自火龙果项目开展以来，火龙果的产量和产值保持着较好的增长势头，从2013年的生产总量5250吨、销售收入1.05亿元，到2014年的生产量9000吨、销售收入1.4亿元，再到2015年的生产总量9000吨、销售收入1.5亿元，到2016年的生产总值为15000吨、销售收入为1.6亿元，一直保持持续稳定增长。虽然火龙果的生产总量一直保持增长，但是其销售收入却没有与生产总量呈正相关关系，而有一定的浮动，不过，罗甸县的火龙果的销售收入在总体上依然保持增长。这不仅能为火龙果种植户增加更多的经济收入，而且还能不断增进火龙果种植户的生产信心和生产积极性。

罗甸县火龙果产业在发展过程中，一直受到省政府的高度重视和关心，这为罗甸县的火龙果产业发展增加了动力，为做好火龙果标准化项目起到鼓舞作用。凭借罗甸的自然资源、气候等先天优势，火龙果的种植面积高达6.02万亩，已经投产的有2万多亩，总产量9000吨，实现生产总值超过1.4亿元，亩产达7000元。此外，火龙果种植产业相较于原有的传统农业（主要是种植业：水稻、玉米、油菜等经济和粮食作物）而言，其种植经营的面积变大了。除了原有的土地之外，还可以增加坡度较缓的荒地，从某种程度上来讲，不仅增加了可耕地面积，而且还充分利用了有限的土地资源，为火龙果种植户创收打下了坚实的基础。截至 2015 年底，罗甸县的土地流转面积已经超过 13 万亩，按照当地土地流转非用 200—400 元 / 亩计算的话，这些流转土地的农户每年都还能有一笔不少的收入。总之，火龙果种植户仅仅依靠火龙果种植和土地流转的收入，大部分农户的人均收入过万已不再是奢望。

随着火龙果种植产业的发展，罗甸县越来越多的农民选择了留在家乡发展，为罗甸县的经济发展带来了内生动力。凭借罗甸的自然风光和丰富的少数民族（布依族、苗族、瑶族、壮族等）的人文风情，吸引了更多来自全国各地的人到此观光旅游、休闲度假，这不仅能为罗甸县的农户增加额外的经济收入，而且还有利于以"火龙果产业＋旅游"的发展模式促进罗甸县的经济发展。同时，更多农户也开始意识到，并且开始了火龙果产业链的扩充，比如罗甸就引进了两家大型火龙果加工企业，其主要的产品主要有火龙果酒、火龙果酵素、火龙果果脯和火龙果花茶。这些火龙果的关联产业的发展同样也能够有效地促进罗甸县的农业经济发展，从为农户而带来更多的经济效益。

基地于 2010 年开始投产，2013 年达到盛产期，全年总产量达 1000 吨，产值 2000 万元，辐射带动周边火龙果种植户增收 1000 万元以上。

（二）社会效益

罗甸凭借着地理环境、自然气候的先天优势，依托火龙果种植产业的发展，为农村社会的发展带来了翻天覆地的变化。罗甸县的火龙果分别在 2007 年斩获首届中国成都国际农业博览会的金奖、2008 年贵州丰收一等奖、2009 年贵州农产品金奖，2013 年被国家认定为国家级的火龙果标准化示范区，并获得"罗甸县火龙果"地理标志产品等一系列的荣誉称号。这些荣誉称号表明罗甸县的火龙果产业在某种程度上已经取得了较好的发展，这为罗甸县农村社会的稳定和经济发展又创造了一个新的台阶。火龙果产业的良好效益，让更多的农民更加愿意留在家乡发展，放弃了为了生计常年在外漂泊的生活方式，由此也解决了农村社会的"空巢老人""留守儿童""空心村"等一系列问题。火龙果产业的发展为罗甸县的农村社会的稳定与和谐提供了一个基本的经济基础保障，让更多的农民能够在家乡就业与创业。

截至 2017 年底，罗甸已经完成了 2 万余亩的示范园区建设，覆盖了罗甸县的 7 个乡镇 69 个行政村，收益的农户大约有 1.24 万户 5.14 万人，种植面积超过了 6 万亩，其中已经有 2 万亩火龙果的年产量在 9000 吨左右。经过十几年的积淀，罗甸县的火龙果产业已经可以容纳更多的农村劳动力，并且随着产业的发展与扩建，随之亦将承载更多的农村劳动人口的就业与创业。减少农村劳动力的流动，使得"老有所依、幼有所养、鳏寡孤独有所依靠"，同时又能实现全面小康的目标。农村的社会及经济发展同样离不开人才队伍的建设，但是农村的人才又很容易向城市转移，这造成农村社会及经济发展缺乏强有力的内生驱动力。留住农村"能人"的有效办法之一就是使这部分人即使留在农村也能够有机会、有平台施展自己的才华，创造更多的经济价值，而罗甸县的火龙果种植产业就能为他们提供这样的机会和平台，甚至还能吸引更多的农业人才队伍加入罗甸火龙果产业建设的队伍中，并且不断对火龙果种植户及农村劳动力展开专业技能培训，为罗甸火龙果人才队伍建设以及农村社会发展作出了积极的贡献。

罗甸县的居住人口主要是布依族、苗族、瑶族和侗族，经过历史的积累与发展，少数民族的民风民俗、传统节日等特殊的少数民族文化在罗甸劳动人民日常生活中依然得到较好的传承。随着火龙果产业的快速发展，罗甸的外出务工人口逐渐减少，这为罗甸少数民族文化的传承增加了更多动力，同时为罗甸县的旅游产业发展提供了足够多的人力资源保障。

项目实施后，促进了生产经营模式转变，为生产效益的提高提供了新的思路和方法。项目在建设过程中将不断对主要技术人员进行技能和管理能力培训，为今后设施园艺的发展奠定人才基础，从而有利于农技人员科技水平的提高。项目的建设为社会提供了许多就业机会，在增加农民收入的同时，解决了农村剩余劳动力的就业问题，缓解了农村的就业压力，为社会稳定起到积极作用。

（三）生态效益

罗甸县的土地面积有 3013 平方千米左右，是贵州省黔南布依苗族自治州面积最大的县。罗甸县的年平均气温为 19.6℃，年降水量在 1135 毫米，有"天然温室"的美名，有南盘江、蒙江等河流经罗甸境内。罗甸县的经济发展战略一直都是"青山常在，绿水长流"，经过封山育林、退耕还林等措施使罗甸县的森林覆盖率达到了 41%，尽管罗甸县的土地面积是黔南州最大的，但农民的人均耕地面积却只有 0.89 亩，这严重阻碍了罗甸县的农业经济发展。

罗甸县的火龙果种植产业的发展正好符合罗甸县长期的"坡地果园、平地粮食"的发展理念，还得到了省政府的高度重视。于 2013 年被国家认定为国家级的火龙果标准化示范区，并获得"罗甸县火龙果"地理标志产品等一系列荣誉称号。这些都是在社会各方力量的共同努力下实现的，真正实现了"地尽其力、物尽其用、人尽其才"的结果。火龙果产业的建设与发展充分利用了罗甸得天独厚的自然条件，切实抓住了广大劳动人民更希望留在自己的家乡"照顾父母、教养孩子"的愿望，同时也很好地把握了贵州省大力助推产业扶贫的惠农政策，使罗甸县不仅在经济上得到了快速发展，而且还能有效地改善水土流失、森林破坏、环境等问题，为罗甸县环境保护与建设奠定了良好的基础。

总而言之，罗甸县火龙果产业的发展充分体现了"既要金山银山，又要绿水青山"的发展理念，同时也为罗甸县今后的环境保护、建设做出了一个良好的开端。

该项目的实施不仅实现了良好的经济效益和社会效益，还实现了良好的生态效益。通过加大产业的建设进程，修建小水池和果园道路及果园步道等基础设施，提高山区土地利用率，增加绿色指数，有效地实现了保水、保肥、保土的目的，绿化了荒山，改善了生态环境，实现农业生态可持续发展。

三、技术路线

（一）火龙果项目实施的准备

火龙果是多年生蔓性的植物，属仙人掌科三角柱属，其原产地在中南美洲，因其与仙人掌较相似，故又可称为仙人果或者吉祥果。火龙果具有较高的食用、观赏价值，其果肉富含花青素、维生素 C 以及植物性蛋白等成分，有较好的口感、同时具有解毒、润肺、养颜等有益于人体的功效。罗甸县于 2001 年开始进行引种实验，到 2005 年终于研究成功，并于 2007 年开始在罗甸县的各个适宜火龙果种植的乡镇推广扩散，同年在中国成都国际农业博览会上荣获金奖。从 2001 年引种开始，罗甸县的火龙果种植实验得到了贵州大学农学院所提供的技术支持与指导，同时还受到了省政府支持、关心和鼓励，更重要的是得到了罗甸县广大劳动人民支持与积极参与。这些都为火龙果种植产业在罗甸县推广扩散打下了夯实的基础，为火龙果产业的兴盛奠定了重要的基础，同时也为贵州省产业扶贫、乡村特色产业建设与发展起到良好的示范作用。

火龙果对土壤的质地、地形的要求不是很高，但是对于气温却很有讲究，火龙果生长的各个阶段要求阳光充足、湿润温暖的气候，最适宜的温度为 20—30℃，当气温低于 10℃ 就会进入休眠状态，若温度在长时间内都小于 5℃ 则会出现幼苗、叶片被冻伤甚至会有冻死的现象。火龙果对生长气候、环境的要求，刚好在被称为"天然温室"罗甸县得到满足，因此，在罗甸县发展火龙果种植产业是因地制宜的农业生产项目。

（二）火龙果产业发展的过程

罗甸县的火龙果生产于 2001 年引种，经过 6 年的研究实验，2007 年在罗甸县适合火龙果种植的乡镇推广、扩散，并且取得了较优异的成绩。根据《罗甸县人民政府关于划定罗甸火龙果地理标志保护范围的函》（〔2012〕94 号），罗甸县地方标准《罗甸火龙果种植技术规程》（DB522728/01-2012）等在火龙果种植、加工生产过程中的技术要求主要表现为以下几个方面。

第一，火龙果品种的选择。经过多年的研究与实践经验的积累，人们选出了紫红龙、晶红龙等品种在罗甸发展，并且新培育出了黔果 1 号、黔果 2 号、晶金龙等适合在罗甸县境内推广扩散的品种。

第二，种植区选择。火龙果种植的范围一般都在海拔 600 米到 900 米之间的山地或者丘陵地带，在这种地方的土壤结构、气候条件等都必须要满足火龙果生长的需求。罗甸县境内主要分布在县中南部的乡镇：龙坪镇、八总乡、沟亭乡、罗妥乡、罗暮乡、凤亭乡等十多个乡镇的 69 个行政村。

第三，栽培管理。火龙果的种植主要有种子育苗、移栽、扦插等方法。在育苗的过程中以及移栽后都要施加农村有机肥，以作为火龙果生长的肥料基础，此外还需要通过人工补充一些富含某种化学元素的肥料，比如尿素。这些都是为了更好地满足火龙果生长的营养需求。

第四，人工授粉。由于火龙果自身的生长特点以及生理结构等，要促使火龙果挂果率、产量的提高，就必须要对其进行人工授粉，而且对时间也有特别要求，一般在开花当晚 22 点到第二天的 9 点是最佳的授粉时间段。

第五，采收及储藏。一般都是在火龙果成熟时进行采收，如果需要长途运输，可以适当地提前进行采摘，以保证火龙果到达目的地时保持新鲜。火龙果一般在温度为 8—10℃、相对湿度为 85% 左右的环境下能够贮藏一个月左右。

第六，产品控制。火龙果的生产必须要按照国家的相关规定来执行，品质要求都必须是以国际、国家级、省级标准执行，比如《贵州喀斯特山区火龙果生产技术规程》（DB52/T611-2010）和一些国际标准。

（三）火龙果项目取得的成果

经过多年的研究与探索，罗甸县的火龙果产业已经取得了比较优异的成果。2007 年斩获首届中国成都国际农业博览会的金奖，2008 年获得贵州丰收一等奖，2009 年获得贵州农产品金奖，2013 年被国家认定为国家级的火龙果标准化示范区并获得"罗甸县火龙果"地理标志产品等一系列荣誉称号。这些都为罗甸县火龙果产业的标准化、规范化、集约化以及节约化生产打下了坚实的基础。

罗甸县火龙果产业的发展不仅带动了7个乡镇69个村的产业发展，使农户达1.24万户、5.14万人，从而获得较好的经济效益，种植面积达6.02万亩，投产2万余亩，总产量9000吨，实现产值1.4亿元，亩产值达7000元。从另一方面来看，罗甸县火龙果产业的发展不仅能够促进罗甸县的农业经济发展，而且还有效解决了广大农村人口就业难的问题，朝着走向小康的目标又前进了一大步。同时罗甸县火龙果产业为罗甸县的产业扶贫起到了带头、示范的作用，为农民们带来了真实的经济效益、社会效益以及生态效益。

（四）火龙果项目未来展望

虽然罗甸县的火龙果产业已经取得了丰硕的成果，但从种植、加工到销售等各个环节仍在不停地改善、创新，并加强与其他关联产业的融合发展；进一步促进"乡村旅游＋休闲农业""农业企业＋火龙果基地＋农户"以及"公司＋合作社＋农户"等复合型农业发展；加强微信平台、淘宝电商等互联网平台的销售，还有与各大超市的合作，比如沃尔玛、合力超市、北京华联超市等。进一步扩大罗甸火龙果的销售渠道，同时构建和完善罗甸火龙果技术指导、生产标准、产品包装、品牌建设等各个环节，为市场提供更优质、更安全的火龙果产品。

项目严格执行《贵州喀斯特山区火龙果生产技术规程》（DB52/T611-2010）标准，以省果蔬站、州果蔬中心为技术依托，指导项目建设。同时加强对合作社火龙果项目人员的培训，不断提高从业人员的技术水平。在项目建设的关键时期，县果茶办将安排技术人员到现场指导，解决项目建设中出现的技术问题，确保项目的建设质量。

四、基本经验

(一) 选择合适的农业产业

火龙果能够在土地贫瘠、干旱、坡度大、土壤肥力不佳的地区生长，而罗甸县就属于这样的类型，因此，火龙果产业能够在罗甸县中南部低海拔地区全面推广。而其他的水果很少有合适的品种能够在罗甸县发展，比如猕猴桃就不适合在罗甸种植。火龙果产业能够在罗甸实验成功并且迅速推广，综合分析其影响因素，可以从以下几个方面来做一个简单的归纳总结。

第一，罗甸的气候条件、土地资源等自然资源符合火龙果种植的基本需求。罗甸县的年平均气温在 20℃左右，年均降水量为 1335 毫米左右，而火龙果又是耐旱、喜光的仙人掌科植物，所以这二者相结合是合适的。

第二，有较大的市场需求。火龙果属于外来物种，火龙果的原产地在美洲，经由中国台湾传到内地沿海地区，逐渐向中西部地区扩散。随着火龙果种植的面积逐步扩大，越来越多的消费者接受了这种外来的水果品种，并且随之对其深入了解，人们不断地发现其食用价值和营养价值。罗甸县于 20 世纪 90 年代开始着手火龙果的研究，于 2001 年开始引进新的火龙果品种，在多年的实验研究以后，于 2007 年在罗甸县境内适宜火龙果生长的地区全面推广种植。罗甸火龙果种植产业的发展为贵州的水果市场提供了源源不断的、新鲜的火龙果产品。

(二) 基础保障设施的支撑

基础设施是农村、农业经济发展的重要、关键的影响因素。很多农业产业失败的原因大部分是受到农村基础设施的制约，严重阻碍了农业产业发展，火龙果种植产业发展同样离不开完善、健全的基础设施，比如交通道路、水利灌溉设施等。为了促进罗甸火龙果产业的快速、健康发展，火龙果产业园区的基础设施受到了县镇府、省政府的多个相关部门的支持与帮助，为罗甸火龙果产业园区的基础设施建设作出了积极贡献。

第一，火龙果产业园区的基础设施(包括交通道路、步道、水池、冷库等)建设得到了县发改委和农业、水务以及扶贫等相关部门的资金或技术支持。这大大改善了火龙果种植园区的交通运输条件，缩短了火龙果从采摘到投入市场的时间，进一步保证了火龙果的新鲜度，提高了火龙果种植户的经济收益。此外，水利设施建设弥补了罗甸干旱缺水的自然劣势，在某种程度上改善了高温、干旱等恶劣气候对火龙果生长的不利条件，从而使火龙果能够健康生长。

第二，在农业相关部门的鼓励和农技人员的技术支持和指导下，火龙果种植户、种植单位不断加强了果园土壤的管理，使果园的土壤结构更加适合火龙果生长的需求。土壤是所有农业产业生存和发展的根本，离开了土地，所有农业产业就如同无源之水、无本之木，火龙果种植也是如此。罗甸是比较典型的喀斯特地貌的县份，具有土壤贫瘠、干旱、水土流失严重等问题，为了进一步改善生产条件，罗甸集结了多方力量共同来补充、改善先天的不足。一方面，提高火龙果种植园区的有机质含量，同时要限制化学肥料和与火龙果生产相关的系列农药的使用，从而保证火龙果商品的质量，提升火龙果的产量，这些都需要良好的土壤结构作为基础保障。另一方面，增加果园区的绿肥植物的种植（尤其是豆科绿肥能够起到固氮作用），不仅可以抑制火龙果园区内其他杂草生长、增加土壤中的有机质、促进土壤中的微生物的生长以及土壤的团粒结构的形成，而且还能起到减少水土流失、降低土壤表层的温度、增加土壤表层的湿度的作用，从而使火龙果能够抵抗夏天的高温炎热以及冬天的干旱寒冷，进而减少火龙果产量的损失。

为了使项目顺利实施，罗甸县于 2013 年成立了省级精品火龙果星火项目实施领导小组，具体负责项目的实施落实、培训以及有关合同的签订，组织有关部门对项目进行验收等。

（三）确定了合适的发展模式

从 2001 年的新种引进，到 2007 年的实验成功并推广，再发展到现在，罗甸火龙果种植产业已经有了十几年的生产、加工、运输、销售、推广等经验积累，并且还在不断完善与改进。同时，火龙果产业亦是罗甸产业扶贫的重点项目之一，罗甸火龙果生产所选择的生产方式和方法对于农业经济、农村社会发展至关重要。经过十几年的努力探索和经验积累，罗甸火龙果产业已经形成了"企业＋基地＋农户""公司＋合作社＋村委会＋农户""部门（干部）领办＋公司＋大户""乡村旅游＋休闲观光农业""种植大户＋政府补贴"，以及公司独资开发等火龙果产业发展模式。这些发展模式为罗甸火龙果产业的规模化、集约化、节约化开辟了新的道路；为火龙果实施统一的技术指导、统一的经营管理、统一的销售等各个生产环节一体化经营提供有利的基础保障；为罗甸火龙果标准的建立和完善提供更科学的支撑。

第一，"企业＋基地＋农户"的模式。其主要是由农业企业带头与火龙果种植的农户合作，建设火龙果种植生产基地，企业通过从农村集体或者是农户手中承包、租赁耕地或者荒山，通过获得土地的使用权来对耕地或者荒山进行简单的改造，目的在于整地并使之更适宜于火龙果种植。企业与农户之间的关系为相互依赖、相互作用、相互扶持等对等的协作关系。一方面，企业可以建立自己的生产技术、管理方法等，并与农户协商后，农户采用企业提供的生产技术进行火龙果生产，最终企业向单个的火龙果种植户收购火龙果商品，因此，农户可以为企业提供更多的原材料以保证货源。另一方面，单个农户生产的火龙果商品在市场上的交易、流通、销路等成本是比较高的，同时在火龙果生产的过程中新技术、新品种的投入风险较大、成本亦较高，绝大部分农户不愿意自己去承担这样的风险，但是企业在某种程度上能解决这样的问题，农户通过与企业协作，接受企业所提供的生产技术、管理方法等，将自己所生产的火龙果商品直接卖给企业。这种发展模式最终能够达到共赢的目的。

第二，"公司＋合作社＋村委会＋农户"的联动模式。这种发展模式适用于罗甸较贫困的农村地区，贫困户一般不愿意租让自己的土地，也不愿意改变现有的生产方式，而又有农业企业想进入该地区从事火龙果生产。基于农户和合作社以及企业之间的利益诉求不一致，就迫切需要村委会这样比较有公信力的第三方组织来协调，使这三方最终能够达成一个相互都可以接受的协议，从而为该地区的农业经济发展贡献出各自的力量。

第三，"部门（干部）领办＋公司＋大户"的协作模式。一方面，农村企业的生存、发展需要政府相关部门的工作支持，同时企业在农村的发展亦要受到政府及其他公共职能部门的监督。原因在于企业可以依靠政府的平台跨地域与其他地区的农业企业或者其他行业进行合作与交流，进一步促进企业自身的完善与进步。此外，单个的农户在企业面前还是处于相对弱势，相关部门的介入能够有效监督农业企业，避免伤害、侵占到农户的切身利益。另一方面，为了罗甸扶贫工作的推进，需要相关的公共职能部门的介入，带领贫困农民在农村就业、创业，从而增加贫困人口的经济收入。

第四，"乡村旅游＋休闲观光农业"的综合模式。罗甸汇集了大量的布依族、瑶族、苗族等独具特色的民风民俗（婚丧嫁娶等），以及较为独特的节日（农历四月八等）。罗甸又被称为"长寿之乡""中国火龙果之乡"等，无疑为罗甸的旅游产业发展提供了独特的资源。旅游产业是罗甸吸引更多的人到此休闲度假、观光旅行重要途径，游客们在享受少数民族文化的同时可品尝到美味可口的、新鲜的火龙果，也能更进一步地了解火龙果及其附加产品。并通过加强农业基础设施建设，大力发展以火龙果产业园区为基础的休闲、体验、观光、养生农业，打造更加宜人、优美的火龙果生态观光园。

第五，"种植大户＋政府补贴"的扶持模式。所谓远亲不如邻近，农村社会主要还是依靠亲缘、地缘来相互联系的。总是有农民在模仿已经取得较好收益的农户的生产方式，比起农技推广人员的新的农业生产技术，农民们更加愿意接受和模仿村里比较善于创新的农户，也就是所谓的"种植大户"或者是"能人"。虽然身为"大户"，但是也仅仅是相较于村里其他农户而言的，其本身还是存在许多制约条件，比如资金短缺、生产工具落后等。政府在资金上予以补贴，使得这部分人在农业生产中投入更多生产要素，进而提高农业产出。与此同时，其他农户在见到真实的效益后，也会相继模仿、学习他们的生产方式，从而达到农业推广的扩散作用。

安排技术人员对农户进行指导和培训，解决项目建设中出现的技术问题，确保项目建设质量。基地由合作社全权投入建设，采用自主经营的"合作社＋基地＋农户"的运作模式，采取合作社组织协调销售，采用统一品牌、统一包装、统一销售的衔接模式。将目标市场首先定位于省内及周边大中城市，打造有机产品，提高知名度，逐步走向全国市场，实现产业发展的最大效益。

（四）多方力量的支持

罗甸县的火龙果种植产业发展得到了多方力量的支持：有县政府等公共职能部门的资金、技术上的支持；有省委省政府的鼓励和支持；有社会上的农业企业的加入与资金技术的投入；有广大劳动人民群众的积极参与。最终，罗甸火龙果才能取得今日的成就。

为推进罗甸农业农村经济的快速发展，尽早实现小康，贵州省政府及罗甸县政府的相关职能部门都积极投身到罗甸火龙果种植产业发展当中。不仅是在资金和技术上提供绝对的支持，而且还提供很多惠农政策、农业产业的相关支持条件来鼓励和支持火龙果种植户的投入，还用各种方式吸引和引进更多农业企业到罗甸发展火龙果的相关产业，为罗甸火龙果产业发展注入更多的血液、活力，使罗甸火龙果产业的规模化、专业化、集约化生产的方式提前实现。

农业企业是联系农业生产和市场关系的重要媒介，火龙果产业也需要这样的媒介，使罗甸火龙果商品能够更有效地投向市场。一方面，农业企业等有较雄厚的资金与较实用的农业生产技术，农业企业与农户协作就等于增加了农户的生产要素，增强了抵抗农业风险的能力；另一方面，农业企业能够实现产品产前、产中、产后一体化经营的模式，并且还能不断拓宽火龙果产品的销售渠道，从而为农户解决火龙果商品"难卖"的问题。

农民才是农村建设、经济发展的主要主体，没有了农民的支持与参与，农村经济何谈发展。有政府相关部门的支持和合适的农业产业，农民自然会选择加入其中，大部分农户还是希望能够在自己的家乡就业、创业，这样不仅能解决自己及家人的生计问题，而且还能够兼顾到自己的父母、子女。农民有这样积极的心理因素而不是"等靠要"的思想，是火龙果种植推广扩散的重要内生动力，能从根本上调动农户的生产积极性，通过火龙果种植产业的发展能帮助他们早日实现小康生活。

基地建设资金采取实施单位首先自行投资建设的方式，补助资金实行"先建后补"方式予以补助，建设资金必须做到专人专账、专款专用，先验收后报账、拨付，对各种物化投入、物资发放严格按照财务管理规定登记造册、公示，同时接受财政、审计部门的检查。按照国家物资采购相关文件及县政府采购办的意见，由政府采购办按程序组织采购，项目物资发放请相关单位进行现场监督，发放完成后进行公示。对项目实施过程中的相关资料实行专人收集，专人管理，按相关规定分类装订成册归档，按照项目管理要求，及时向州蔬果中心上报项目进度、工作总结等材料。

五、农业推广理论的应用及启示

（一）农业推广理论应用

1. 需求理论

人的行为是很复杂的现象，这种现象常常带有很强的目的性。而人们每天的各种生产、交流与沟通等社会活动，大多数都是由于人们对此有某种需求，或者为了实现某种目标。在心理学上，人们把行为产生的直接原因叫动机，产生动机的原因是需求，而动机又是推动行为产生而实现目标的个体的内在驱动力。同样，农村的生产、经济等社会活动往往也会受到某种内在或者外在需求的驱动，因此，研究农民需求能够帮助我们了解农民所想，特别是在农业推广活动中，清楚地知道农民的内在动机对农业推广有着十分重要的作用。同样地，在罗甸火龙果种植推广中，若能了解农民心中的需求，对罗甸火龙果种植推广也就起到很大的助推作用。

根据马斯诺的需求层次理论，人的需求可以分为五个层级：生理需求、安全需求、社会需求、尊重需求和自我实现需求。由于人类活动有很强的目的性和不确定性，这五种需求并不是在实现某一个层级后才有下一层级的，而是同时进行的。而且人们的需求并不是一次性的，而是往复循环渐进的，当人们有某种需要时，就产生了去满足这些需求的动机，进而产生了行为，从而实现目标，但又会产生新的需求，又有了实现新目标的动机，一直这样循环下去。对于罗甸火龙果种植产业的推广，在推广行为产生之前预先了解农户的需要，然后再制定一系列能够较大程度满足农户需求的方法，预先调查清楚这些需求更有利于火龙果种植产业在罗甸推广扩散。

2.教育理论

农业推广教育是指通过宣传、培训、咨询、实验示范等方式，使农民学习、掌握某种新的农业生产技术、农业知识或者实用经营管理方法。这就要求农业推广人员必须深入了解农户确切的实际情况，从而有针对性地对农民进行再教育。通过改变农民的知识结构、专业技能等，进一步影响农民的生产、选择行为。

大部分农户的基本行为都是进行物质生产活动，人们为了能够更好地生存下去，满足自身的需要，就会选择更好的生产方式来满足更多的需要，这样的生产行为会一代一代地延续下去。农业推广教育以整个农村社会为直接对象，以农民的切实需要为教育的内容，通过培训、实验示范等方式提高农民的生产力，促进农业生产，繁荣农村经济。通过教育的形式，让农民学会更加科学地使用化学肥料与农药，掌握更加科学的生产方式，能够更加明确地以生态发展理念为农业生产的宗旨，不断培育和建立自己的农业品牌。在罗甸火龙果种植产业推广的工程中，加强对农户的再教育，使更多农户能够掌握科学的发展理念，不断与农业企业、公司合作，共同构建规模化、标准化、集约化生产模式，充分利用"中国火龙果之乡"等地理标识性产品已经取得的成就来促进罗甸农业农村经济发展。

（二）农业推广理论的启示

通过充分了解农民的需求，有针对性地激发农民的动机，从而产生相应的行为，最终实现目标。需要是行为产生的内生驱动力，只有当人们有真正的需求时，农业推广才能够更加顺利、有效地展开。从内在的改变去适应火龙果产业发展的要求、去满足火龙果现代化生产的条件，比起将外部条件强加在农户身上要来得更直接、更有效，前者能不断激励农户去学习新的、实用的专业知识、技能，而后者会导致养成"懒汉"的"等靠要"恶习。

以合适的手段和载体对农户进行再教育，从而使农户能够接受和掌握新的生产技能、农业生产的专业知识，进而促进农业农村经济发展。授人以鱼不如授人以渔，只有让农户自己变得更专业、技能更高，才能有效地推动火龙果种植产业的发展。政府及社会各界可以给予贫困户很多帮助，但如果贫困户不是从自己身上去寻找并且克服贫困，那么在这些有限的资源耗竭之后，他们终究还是贫困的。因此，农业推广教育是有利于农户真正摆贫困贫的重要举措，它从根本上改变了贫困农户"懒惰"的思想，学习和掌握实用的知识技能来突破自己的局限，从而进一步改变他们的行为，最终实现增加经济效益、社会效益以及生态效益的目的。

总之，罗甸火龙果种植产业是比较成功的乡村特色产业、产业扶贫的典型代表。经过十几年的实验研究，罗甸火龙果生产基地已经成为火龙果标准化建设的基地，罗甸已经被誉为"中国火龙果之乡"。

这对于贵州其他县份的产业发展起到了良好的示范和带动作用，尤其是贵州众多贫困县，要想通过产业扶贫的方式来解决农业农村经济问题，就必须选择合适的产业发展，并且要充分发挥农民的智慧，调动农户的生产积极性。比如平塘县甲茶镇也发展火龙果种植产业，原因在于甲茶镇的气候、土壤、地形等自然条件也满足火龙果的需求，同时也有政府及相关部门的鼓励与支持以及农户的参与。在产业建设和发展的过程中，平塘县可以学习和吸取罗甸火龙果种植产业发展的经验，为平塘县火龙果产业发展规避更多问题，从而加速火龙果种植产业的健康、稳定、快速的发展。具体经验有以下几方面。

（1）农业推广必须得到法律的有力保障。农业推广之所以能有效地开展，并在农业发展中起到重要作用，与国家完善的农业推广法律体系是分不开的。

（2）政府应高度重视农业推广工作，保障农业推广经费，不断提高推广人员的待遇和地位，能使其安心从事农业推广工作。

（3）逐步实现农业科研、教育、推广的结合。农业科研、教育、推广之间是相互联系、彼此促进的，应注意将这三者有机地结合起来，促进它们的共同发展。

第三节　七星关区中药材（苦参）推广

一、基本情况

该项目名称为"贵州省七星关区 2013 年中药材（苦参）种植产业化扶贫项目"，建设内容主要是规范化种植苦参 3330 亩。实施目的：朱昌镇330亩，阴底乡500亩，阿市乡600亩，田坝桥镇400亩，田坝镇400亩，小坝镇1100亩。该项目主要从2013年1月新建，2014年6月建成。项目总投资2410万元，其中财政扶贫资金400万元，部门整合投资800万元，企业、专业合作社整合投资1210万元。项目覆盖农户3187人，其中，贫困农户2288人。项目建成后，人均可创收0.67万元。项目依托毕节市科技局与毕节市七星关区科技局（中药办）的技术，由毕节市七星关区扶贫办公室主管，由涉及的各个乡镇人民政府负责实施。

二、推广效益

（一）经济效益

首先，规范化种植苦参3330亩，苦参种植三年一收，产量500千克/亩，目前市场价格13元/千克，3330亩年产值可达2164万元。其次，按照每产值3万元可向农户提供1个务工机会计算，则产值2164万元总共可提供720个务工机会，种植苦参产业可为项目区农民创造务工收入600余万元。除此以外，还可带动其他产业发展，促进产业链的形成，助推经济的全面发展。

（二）社会效益

建成3330亩苦参基地，配套种植经果林等中、长期作物，能有效优化农业内部结构，提高土地产出率；有利于带动全区中药材产业建设，推动中药材加工业发展；能提高农民就业率，拓宽农民增收渠道，增加农民收入，提高农民生活水平；能促进项目区乃至全镇经济总量增加，强化社会保障体系，缓解因经济矛盾而造成的社会问题，维护社会稳定，促进经济社会和谐发展。

（三）生态效益

在七星关区发展中药材产业，是从全区自然资源、气候环境、市场变化趋势、产业发展状况作出的科学决策。通过产业配套建设，既可有效控制水土流失，调整土地分配，增强土地资源利用率，又可提高土地产出率，解决农作物生产周期过长引起的农民短期生存问题，有效把农民长期发展与短期生存统一起来，实现人与自然的可持续发展。

（四）扶贫效益

项目建成后，可扶持农户 3187 人，其中贫困农户 2288 人，可实现人均创收 6780 元。发展苦参产业可为项目区农民创造务工收入 600 万元，拓宽当地百姓收入渠道，促进贫困户剩余劳动力的转移及贫困户收入增加。

三、技术路线

（一）选种

所选择种植的中药材植物经贵阳中医学院专业技术人员鉴定为豆科植物苦参（Sophora flavescens Ait.）。该品种为《中华人民共和国药典》2010 年版一部收载品种，项目区栽培二年生样品经检测得到，总浸出物 22.1%，总灰分 3%，苦参碱和氧化苦参碱总含量 2.6%，符合标准。

（二）技术执行的主要依据

第一，项目建设技术执行的主要依据有：《环境空气质量标准》（GB3095-1996 中的二级标准）；农田灌溉水质标准（GB5084-1992）；《土壤环境质量标准》（GB15618-1995）中的二级标准；地面水环境质量标准（GB3838-1988）；保护农作物的大气污染物最高允许浓度

（GB9137-1988）；农药安全使用标准（GB4285-1989）；国家药品监督管理局《中药材生产质量管理规范（GAP）》（2001版）；《中华人民共和国药典》（2010年版一部）。

第二，环评要求。项目区空气质量为优，土壤重金属含量和农药残留量均达到《中药材生产质量管理规范（GAP）》的种植要求，基地建设按照国家GAP发展要求进行建设。

第三，种植规范。中药材苦参严格按照GAP生产要求进行规范化种植，并由公司、专业合作社、区科技办组织技术队伍定期进行培训指导。苦参采收按照《苦参规范化栽培操作规程（SOP）》（七星关区科技办制）采收时节进行采收，采收前由七星关区科技办组织技术人员对药农进行现场采收培训；按苦参适宜生长特点，选择海拔在1500米及以上沙壤土或石灰土进行种植。加强对环境、卫生监测管理，确保空气、土壤质量达到二级标准，灌溉水达到生活饮用水的质量标准。在肥料使用上，主要以有机肥为主。农药使用上，严格按照《中华人民共和国农药管理条例》的规定，采用最小最有效剂量且高效、低毒、低残留的农药，以降低农药残留和重金属污染，从而保护生态环境。

第四，生产过程规范以《中药材生产质量管理规范（试行）》为指导，严格按照《苦参规范化栽培操作规程（SOP）》（七星关区中药办、七星关区远程民族中药研究所编制）的规定进行栽培和生产管理。

第五，技术培训与传播。技术培训以现场培训为主，集中培训和现场指导为辅；按照苦参生长的周期环节，在不同环节进行不同的内容培训。

四、基本经验

（一）创新生产组织形式，推动农户与市场结合

在中药材生产发展中，毕节市出台一系列相关优惠政策和扶持政策，鼓励企业和社会资金的注入，在农户或以土地入股共同发展的前提下，政府可配套给予一定支持，采取"公司＋基地＋农户""公司＋专业合作社＋基地""专业合作社＋基地＋农户"等发展模式，调整产业结构，建立药材生产基地，有力地推动中药产业的发展，带动周边农民就业致富。在生产环节，对生产的农户提供技术指导，实行保护价回收，确保农民在项目实施中的利益，并接受扶贫办、中药办及项目实施乡镇的监督。项目实施乡镇采取滚动发展模式，不断壮大中药材产业。目前，全市已有中药材专业合作社（协会）等组织200余个，它们有力地推动了毕节市中药产业的发展。

（二）加强技术指导服务

按照"科技人员直接到户、良种良法直接到田、技术要领直接到人"的要求，针对苦参的种植规律，认真做好农技指导服务，积极开展农业技术培训，让农业适用技术进入千家万户。通过举办专题培训班、召开现场会议、发放技术资料等方式，切实搞好技术培训和指导，努力提高农民的科学种植水平。

（三）以基地建设为抓手，科学规划布局

一是编制了《毕节试验区中药产业发展规划（2011—2020）》、《毕节试验区中药现代化科技产业中长期发展规划纲要》等规划，依据现实情况科学划分当地中药产业的发展阶段，并提出各阶段的具体目标与实现办法。通过对品种、种植带等药材的种植计划及相关企业、药材研发机构等相关主体的发展规划，为中药产业特别是中药材种植的

区域布局提供了理论指导。

二是将中药产业的"一带八园"纳入全市"十带百园"建设管理，在资金安排、技术支撑方面给予大力支持，同时协调相关部门在农业基础设施建设等方面提供配套支持。通过基地建设，发挥示范带动和辐射作用，从而推动中药农业产业的发展。

三是进入新的发展阶段，毕节市农业农村局高度重视当地重要产业发展，强调中药材种植区在立足于资源禀赋的前提下，以国发〔2022〕2号文件为契机，创新思路，奋力推进全市中药材高质量发展，按照全产业链开发、全价值链提升的思路，发挥资源优势，重点围绕优势品种，优化中药材产业发展布局，坚持良种良法配套、一二三产业融合等，科学规划产业布局，打造各具特色的道地药材集群发展新高地。

（四）强化科技支撑打造品牌

苦参作为一种特殊中药材商品，其市场竞争力主要体现在产品的质量上。苦参的种植，除有地域要求外，栽培技术更是影响质量的重要环节，为此，毕节市的相关科研单位和企业积极向有关部门申请中药相关科研项目，解决该市中药产业发展中的技术问题，为毕节市苦参乃至中药产业的健康发展提供有力的技术支撑。当前中药材相关科研项目申报得到省科技厅立项7项，市级立项4项，院地合作项目2项。在品牌培育上，毕节市积极支持道地药材的地理标志认证的申报工作，提高毕节道地药材的知名度和影响力。

支持有条件的企业设立技术研究开发中心。在新药研制、中试生产、市场推广等方面，坚持走"产学研"结合的发展道路。

五、农业推广理论的应用及启示

（一）推广方法

1. 大众传播法

通过电视、网络、发放技术资料等方式，宣传相关优惠和扶持政策，鼓励企业和社会资金的注入，引导农民自愿加入合作社，指导农民学习中药材种植技术。

2. 集体指导法

项目建设中，采取举办专题培训班、召开现场会议等方式，由毕节市科技局、七星关区技术人员和专家以及聘请的省内知名专家定期对药农进行技术培训，提高他们的种植技术，为中药材种植提供了强有力的技术保障。

大力发展在职人员职业技术教育，聘请高等院校农技专家，重点对制药企业从业人员进行先进适用科学技术、生产经营管理、药品营销管理和法律法规等方面知识培训。培养出既懂得研究开发又具有经营管理能力的复合型人才。

3. 个别指导法

聘请省农科院中药材方面的教授和市农科院、市科技局的有关专家作为技术顾问，并成立以科技局牵头，相关技术人员组成的技术指导小组，通过"科技人员直接到户"的方式，对合作社的农民实现"一对一"培训，指导农民种植。

（二）推广理论应用启示

七星关区中药材种植历史悠久，地理条件得天独厚，苦参在当地种植历史悠久，符合首因效应，苦参的推广应用经历了实验、示范、推广三步走的程序。

公司统一管理运作，采取企业化管理模式，按照市场导向、农户自愿、总量控制原则，充分发挥市场配置资源的决定性作用。采取贷款贴息或项目资金补助的方式，由公司向自愿种植的农户提供良种、良苗，派专业技术指导人员对农民进行培训、启发、教育，使农民养成自觉行为。公司以保底价回收农户苦参，消除了农户的后顾之忧。该项目在若干乡镇开展，涉及农户较多，符合农民的从众心理。

本项目符合中国特色农业推广规律，运用教育、咨询、开发、服务等形式，采用示范、培训、技术指导等方法，将农业新成果、新技术、新知识及新信息扩散、普及应用到农村、农业、农民中去，引导和帮助农民自愿作出科学决策。这将为毕节的城镇农村一体化、特色农业高端化、传统农业现代化、扶贫创新规模化作出新的更大贡献。

第四节　三都县葡萄产业推广

一、基本情况

三都县是个山地县，处于云贵高原东南端破碎地段。总的地势是自北向南倾斜，具有北、西、东北至东南地势高峻，西南地势渐缓、渐而开阔的特点。平均海拔在 500—1000 米，最高为西北面的更顶山，海拔 1665.5 米；最低处是坝街附近的都柳江，海拔 303 米。境内山岭连绵，溪流交错，间夹着若干起伏的丘陵和平坝，在总面积中耕地占 9.4%，林地占 55.6%，草山占 29.7%，水面占 1.3%，交梨、普安、三合三乡镇都有"九山半水半分田"之称，是一个典型的山区农业乡镇。

　　三都县是中国水晶葡萄之乡，普安镇是三都县水晶葡萄核心区，全镇种植葡萄面积 6.8 万亩，挂果面积达 4.7 万亩，葡萄种植已成为普安镇经济发展的支柱产业，成为群众增收的主要手段。普安镇大力发展山地高效农业，围绕做大做强水晶葡萄产业，建设"山地生态高效葡萄产业园区"的目标，2013 年"三都交梨山地生态高效葡萄产业园区"被贵州省委省政府确定为全省 100 现代农业示范园区之一，2016 年被黔南州评为十强农业园区，先后荣获"中国水晶葡萄之乡""中国葡萄·第一奇迹"荣誉称号。

　　作为三都水族自治县"北大门"的普安镇，东边与都江镇接壤，南与三合街道相连，西靠大河镇，北与黔东南州丹寨县毗邻，厦蓉高速公路、贵广快速铁路和 321 国道穿境而过，距县城 18 千米，距都匀市 36 千米，三都高铁站落户镇政府驻地，乌腰匝道口设在境内永合村，交通十分便利。截至 2021 年 10 月，全镇总面积为 151.5 平方千米，辖 7 个行政村，户籍人口 41685 人，是一个以苗、水、布依等少数民族聚居为主的地区。

　　近几年来，在三都县委、县政府的坚强领导下，在省委办公厅和省直党建扶贫工作队的大力支持下，普安镇党委、政府紧紧围绕"建设山地高效生态农业旅游大镇"的目标，把加快推进农业产业结构调整作为主要任务，把做大做强水晶葡萄产业作为着力点，把促进农业增效、增加农民收入作为落脚点，通过实施"整乡推进"和"集团帮扶"，使全镇农业产业规模不断扩大，形成了以水晶葡萄为龙头，多种养殖业并举的农业产业格局，其中普安镇水晶葡萄种植面积在 2017 年已达 6.8 万亩，占全县葡萄种植总面积的 50%，使普安水晶葡萄种植发展成为三都水族自治县五大现代农业产业示范核心区之一。2013 年 7 月被中国农学会葡萄分会、中国果品协会葡萄分会授予"中国水晶葡萄之乡"称号。2016年普安交梨片区实现产值1.2亿元，农民人均纯收入8692元（其中6000元来自葡萄种植收入）；水晶葡萄种植已成为普安经济的主导产业，成为群众增收的主要手段，谱写了脱贫致富的动人篇章。

葡萄产业是三都县农业农村经济的重要支柱产业。相比其他葡萄产区，三都县葡萄栽培病害少，成熟期早，可溶性固形物含量高，具有香浓味甜、酸甜适中、口感好等特点，深受消费者好评，产品供不应求。葡萄生产基地生态条件较好，无工矿企业污染水源，已获得无公害农产品生产基地认定和无公害农产品认证。同时，结合当地独特的气候条件，三都县葡萄产业已初步形成了分区域生产、按时间销售的鲜葡萄生产格局，即北面乡镇葡萄成熟时间比南面乡镇提前7至10天，既延长了供应期，又解决了成熟期上市过于集中等问题。

交梨乡、普安镇和三合镇是三都县葡萄种植的核心区，也是三都县在培育"一乡一品"和"几乡一品"产业格局中重点打造的葡萄之乡。2010年，交梨乡通过"集团帮扶、整乡推进"项目扶持带动，葡萄产业迅速发展壮大。

2012年，全县种植葡萄面积约为10万亩，其中交梨乡种植葡萄面积约3万亩，挂果面积8000亩，农民人均总收入6160元，其中3230元来自葡萄种植，占农民人均总收入的52.44%；普安镇的葡萄面积9000亩，挂果面积5680亩，人均纯收入5546元，其中2340元来自葡萄种植，占农民人均总收入的42.19%；三合镇的葡萄面积8000亩，挂果面积2710亩，人均纯收入6063元，其中1500元来自葡萄种植，占农民人均总收入的24.74%。

截至2018年，全县葡萄种植面积13.6万亩，其中挂果面积7.2万亩，全县各乡镇均有葡萄种植。其中，交梨乡种植葡萄面积约3.7

万亩，挂果面积 1 万亩；普安镇种植葡萄面积约 6.8 万多亩，挂果面积达到 3.8 万多亩，约占全县葡萄种植面积的 50%；三合镇种植葡萄面积约 1 万亩，挂果面积 5000 亩。园区三个乡镇葡萄种植规模已达 11.5 万余亩，全县葡萄产业稳步发展。

二、推广效益

（一）经济效益

园区各主导产业在项目建设期内产生的经济效益各异，现分述如下。

（1）葡萄产业园区建成后，按 5 万亩丰产园计算，每亩 40 株，每株挂果 50 千克，每亩产 2000 千克。年产优质葡萄 10 万吨，每千克葡萄 4 元，年收入达 4 亿。园区资金投入 2500 元 / 亩（包括施肥、套袋、打药等园区管理资金），5 万亩共需投入 1.25 亿元，农民纯收入达 1.95 亿，园区农民人均纯收入达 7141 元。

（2）物流区年经销葡萄 6 万吨，预冷处理鲜果 3 万吨，冷藏 2 万吨，年产葡萄专用套袋、保鲜袋 3.5 亿只以上，年产葡萄浓缩汁和葡萄酒各 5000 吨，标准包装箱 2000 万只，企业年产值约为 28000 万元，企业实现利润 12600 万元，年上缴税收 3800 万元。

（3）在观光休闲区，生态餐厅按每天消费人数 150 人计，年平均消费人数 45000 人次，每人平均消费额按 170 元计，年总收入 765 万元，平均利润率按 50% 计，年平均利润为 380 万元。

（4）生态宾馆按每月接待客人 1200 人次计，每年接待人数 12000 人次，人均消费 200 元，年总收入为 240 万元，利润率按 80% 计算，则年总利润为 192 万元。会议室按年平均使用 60 次，每次租借费 5000 元，年总收入 30 万元，利润率按 80% 计，则年利润为 24

万元。

（5）休闲农家乐按日接待人数200人计，年接待人数60000人次，每人消费水平按120元计算，年总收入为720万元，利润率按50%计算，则年总利润为360万元。

（6）观光休闲区按日接待人数300人次，每年接待人数90000人次，每人消费水平按100元计算，年总收入为900万元，按利润率80%计算，则年总利润为720万元。

综上所述，园区建设后年产值可达110655万元，年利润可达55776万元，上缴税收3800万元，农民人均纯收入达1万元以上。

（二）生态效益

通过项目建设，可有效改善项目区的自然生态环境。在本规划中充分考虑到环境污染问题，通过对项目规划区进行统一的垃圾清运、污水处理及其他环境控制措施，可以有效降低葡萄种植给当地生态环境带来的压力，实现可持续发展战略。综合区的环境绿化、葡萄及蔬菜的种植，可大量增加绿化面积，大幅度提高林木覆盖率保持水土、遏制土地"三化"的作用进一步增强，有效改善生态环境，极大地调节气候和净化空气，进一步提高生态环境质量。

同时，综合区范围内严格控制化肥、农药的使用，将大大减少农业生产对环境的污染，特别是通过科学规划，合理利用自然资源，推广绿色、无公害种植技术，可有效改善园区生态环境。

通过种养结合，建立畜禽粪还地还林，农业副产品加工有机肥的生态循环利用模式，最大限度地减少污染物的排放，实现综合区内的资源有效循环利用。

（三）社会效益

1.有利于调整农业和农村经济结构

农业是三都的主导产业，以前农业生产一直都是以粗放型为主，技术水平低，农业产业投资大、回收慢、效益低。本项目推行"公司或合作社＋基地＋农户"的产业经营模式，通过利益纽带，实行生产、销售一体化经营，走集约化、标准化、规模化的发展道路，将分散的农户组织起来，向农户提供先进的生产技术和生产资料，加大对农户的支持力度，提高农民的种植积极性，使三都山区农业产业呈现良好的规模效应，极大提高了农业产业化经营水平。

2.提高区域经济发展水平及产品市场竞争能力

项目立足三都三大主导农业，通过良种繁育及标准化生产基地的建设，向三都县及周边地区推广优良品种，改造当地传统农业产业结构和生产方式，培育形成具有三都县山地农业特色和较强市场竞争力的农业产业，并产生明显的带动作用。项目的建设对于三都县区域农业经济的发展有明显的推动作用，对提高三都县农产品的产量和质量，及其市场竞争力有明显的推动作用。

3.促进农民增收和解决农村劳动力就业

交梨山地生态葡萄产业示范园区建成后，通过一系列先进无公害生产管理技术和优质新品种的引进应用，特别是通过技术人才的引进，将使示范作用辐射到周边乡镇，显著增加了周边农民收入。

4.促进第一产业和第三产业协调发展

通过现代农业综合区的建设和相关产业的发展，促进综合区一带观光休闲产业的发展，推动以蔬菜、水果、养殖为基础的旅游服务业、运输业、餐饮业等相关产业的发展，拓宽当地村民的就业和创业渠道，增加就业和创业机会。

此外，近年来普安镇深入挖掘民族文化和自然生态旅游资源，连续成功举办"中国·三都交梨葡萄节""大型高平吃新节""普屯春节舞龙舞狮节""重阳村'九月九'""阳基村'七月半'"等节日活动，邀请新闻媒体对普安节会活动进行宣传报道，全面提升普安镇乡村旅游、文化旅游的知名度。加快推动农旅、文旅结合，大力发展山地农业观光旅游业，以葡萄产业为依托，打造"空中水晶葡萄瀑布观光旅游区"，与该县其他旅游景区形成互动互补、各具特色，共同打造三都旅游经济带，全力打造交梨葡萄观光长廊。大力发展乡村旅游，高平、重阳、野记等旅游村寨建设初显成效，完成原26个村"农家书屋"建设，安装完成农村文化资源共享工程，农村精神文明建设工作得到进一步加强。

5. 带动农民脱贫增收

以贵州贵都现代农业发展有限公司为主体，通过"公司＋基地＋合作社＋农户"的模式，大力发展香猪养殖产业，该公司负责香猪的收购、深加工及销售。带动永合村、高屯村、王家寨村、新联村、永兴村约贫困户7500人致富。以贵州省三都县绿源农业开发有限公司为主体，采取"公司＋基地＋合作社＋农户"的模式在园区推广标准化和生态化栽培，使蔬菜生产进一步规模化和规范化，推进全县蔬菜生产。2016年三都县蔬菜年产量21.1837万吨，年产值4.23674亿元，其中规模化蔬菜生产基地年产量3.75万吨，年产值7500万元，蔬菜产业已成为三都县农民增收致富的支柱产业。

三、技术路线

综合区项目技术示范要从核心区向示范辐射区扩散，分层次建立一批主导产业示范区和原产业精品园，并以龙头企业、专业合作社联结基地、农户，带动科技示范基地和科技示范户建设，建立一套面向周边地区，辐射全县，点、线、面布局的农业科技示范推广网络，形成适应市场化运作的科技示范推广机制。

注重培训计划的组织实施，加强综合区管理人员和有关经营主体的培训，全面提高综合区管理人员和经营主体的管理水平；加强区内和周边地区农民的技术培训，不定期邀请省、市有关农业专家开展农业生产技术培训与示范、先进实用技术的科普讲座，积极推广葡萄新品种、新技术，切实提高科技对现代农业综合区的支撑力度。

（一）积极培育经营主体，强化其带动作用

截至 2016 年底，交梨园区内入驻企业 17 家，其中注册资金 500 万以上规模企业 8 家（贵州贵都现代农业发展有限公司、贵州省三都县绿源农业开发有限公司、三都县永瑞食品有限公司、三都名贵农业开发有限公司、三都县农业园区开发有限责任公司、三都水族自治县农业开发投资有限公司、核工业华东建设工程集团公司、贵州贵都食品有限公司），省级及以上重点龙头企业 4 家（贵州省三都县绿源农业开发有限公司、三都县名贵农业开发有限公司、贵州省健康茶科技有限公司、贵州贵都现代农业发展有限公司）。交梨葡萄园区建立的农民合作社达 17 家。园区内农民合作社和企业带动贫困户 4957 户，带动贫困户比率 73%。

（二）实施标准化生产，打造三都农产品品牌质量

打造三都品牌农产品，关键是提高质量。把绿色安全作为三都农业特色产品的生命线，应从产品的内在质量到外在形象，从分级到包装，从生产到管理，都要按严格的标准来进行生产。同时要提高科技含量，运用先进的生产设备，引入科学的信息管理系统，提高三都农产品生产和加工过程中的科技含量，使之质量、包装、卫生安全等方面得到不断的加强，提升品牌价值。

（三）加强科技研发与创新

（1）强化技术支撑。与中国农学会签订《葡萄新技术研发与葡萄技术推广工作协议》；与贵州大学签订《共建贵州大学·三都现代高效农业科技实验区协议》；与贵州省果树科学研究所签订《山地葡萄产业技术合作项目》；聘请国家葡萄产业体系岗位专家，省农委、省农科院、省果树研究所专家担任葡萄产业发展顾问，并成立了县级葡萄研究所。

（2）推广标准化生产技术。大力推广绿色防控技术，建设绿色防控示范基地，组织葡萄、蔬菜种植技术培训，安装太阳能杀虫灯，发放诱虫板，通过合作社发动群众统一施肥、灌溉、套袋等。

（3）加强技术培训。三都县先后聘请中国农业科学院植物保护研究所教授，上海交通大学博士、国家葡萄产业技术体系综合研究室抗逆与避雨栽培科学家，贵州省果树研究所博士、中国农学会葡萄分会会长等专家、学者对全县农业技术干部和种植大户进行培训，培训人数累计达 1500 余人。

（四）加大宣传力度，提高三都农产品知名度

继续主办、承办各类大型节会，邀请境内外客商、专家学者、新闻媒体在三都定期举办国家级、省级现代农业发展论坛。充分利用三都网络信息平台，全面宣传三都县农产品产销信息。同时在三都县产品包装箱上印制三都网站信息域名，扩大网站知名度。积极参加各类市场的农产品展销、新闻推介会，组织三都农产品品尝活动，以广告宣传等形式，大力开展三都农产品宣传促销活动，做到每年开展 1—2 次大的媒体宣传活动。全力做好"三都农产品"在大型活动上的冠名权，提升三都品牌的知名度，扩大影响力。

（五）创新连接机制，完善三都农产品品牌经营

一是做好企业与品牌的对接。根据企业经营实力、规模和目标市场制定科学有效的品牌经营战略和运作方案，提升目标市场品牌的知名度；二是搞好企业与基地的连接。企业按照目标市场的要求制定出完善的生产标准和要求，选准基地建设区域，建立"企业＋协会＋基地"生产经营模式，采取订单生产、合同收购、利润分成等有效办法，实现企协联合、企户联合，不断提高产业的组织化程度，形成生产有基地、流通有渠道、经营有组织、销售有市场、占领有品牌，全方位、多层次的生产经营新机制，促进产业综合效益大幅提升。

（六）发挥政府职能，提供三都农产品品牌保障

政府应积极完善"三都农产品"品牌体系，统一"三都农产品"品牌，加强产品质量的监督，积极引导、帮助做好商标注册工作，严厉打击假冒伪劣产品，保护品牌的合法权益。并落实对"三都农产品"品牌经销企业的鼓励政策，加强政府引导和扶持，推动品牌产业的发展和壮大，形成一批具有相当经济实力和规模、管理水平高、竞争力强的"三都农产品"品牌产品经销企业群和企业集团。

（七）绿色发展理念让品牌更有吸引力

一是做好质量安全监测工作，严格按照无公害农产品生产技术操作规程进行操作，确保葡萄的质量安全。葡萄上市期间，对基地、市场进行随机抽查取样检测，葡萄残留抽检合格率应在100%。二是成功完成水晶葡萄无公害产地产品认证的复查换证工作，积极申报农产品地理标志。三是抓好品牌建设工作，已注册"江柳""山野水晶"等品牌，园区葡萄产品统一分级包装销售。四是促进"三品一标"建设，目前交梨葡萄产业园区内获得"三品一标"认证的企业有两家，合作社有7家，无公害农产品产地认证面积3.05万亩。

四、基本经验

加快推进农业产业化发展步伐是提升农业经济生产能力的重要措施，是实现农业产业科学发展的有效途径。通过对三都葡萄产业案例的分析，我们认为，要坚持农业科学发展，推进农业产业升级，实现农业产业化的全面协调可持续发展，就必须要明确产业发展的根本目的在于发挥特色优势、完善服务体系、强化资源整合，在促进产业融合发展的基础上，做强市场主体，创立名优品牌，打造出具有较强发展潜力的农业产业。

（一）发挥特色优势

农业是对自然资源依赖性很强的产业，不同的温光水土条件适宜于不同的农产品生产，不同的农产品也只有在适宜的温光水土条件下其高产优质性状才能得到充分展现。特定的品种在特定的地区有生长的适生性，发展特色产业就是要因地制宜，比选出具有地域优势的特色产品加以重点发展，最终形成规模。

（二）完善服务体系

专业化的产业支撑服务体系，包括品种种苗、生产资料、生产技术、农产品储藏保鲜、市场分销、运输网络等方面比较齐备的专业化服务，是产业发展成熟的重要标志，也是产业发展持久竞争力的重要支撑。特色农业产业发展尤其要注重加强基地建设力度，加强种植农户的培训和企业的技术创新能力建设，注重从品种改良、生产农艺和农产品深加工等方面提升技术层次。

（三）创立名优品牌

品牌是进入市场的通行证，也是农业产业发展成功的外在形象标识。塑造品牌形象是一个不断升华、提高的过程，一是大力提高农产品品质，积极推进发展无公害食品、绿色食品和有机食品，逐步实现特色农产品生产、加工、包装等环节的标准化和优质化；二是增强品牌的个性特征和文化内涵。对农业产业而言，产业品牌特别是地理标识和原产地证明商标显得尤为重要，很容易引导消费者的注意、认知和认同；三是做好名牌延伸工作，把名牌应用到新的地域产品形式或类别中去，并提升地域产品的整体形象，发挥名牌的综合经济效益。

（四）做强市场主体

富有活力和竞争力的企业是农业产业化发展竞争力形成的基础。龙头企业具有开拓市场、引导生产、深化加工、搞好服务的综合功能，是提高农副产品比较效益、延长产业链、实现多次增值的关键。它一头连着市场，一头连着农户，肩负着带动农民进入市场、共同致富的重任，是产业化经营的重要环节。建好一个龙头企业，就能带起一种或几种农副产品的综合开发，带动一方农民致富。扶持产业化就是扶持农业，扶持龙头企业就是扶持农民。要遵循市场经济规律，打破所有制、行业和行政区域界限，多形式、多渠道培植壮大龙头企业。鼓励和支持工商企业发展农产品加工流通业，特别要把发展民营经济与发展农业龙头企业紧密结合起来，加快农业龙头企业发展。把发展龙头企业的重点放在农产品加工项目上，有重点地进行技术改造，搞好农产品深加工，提高产品质量和档次。

（五）强化资源整合、区域整合、功能复合

经营主体的协调发展和密切合作是形成产业竞争优势的重要源泉。农业产业企业之间的横向合作和纵向合作可以有效减少过度竞争，实现资源共享、优势互补。加强行业规划、市场培育、公共基础设施建设、信息服务、技术培训、品牌申报以及研发支持等产业发展成长所必需的公共产品和准公共产品服务，对提升产业内各经营主体的协同运作水平和区域产业的整体效益非常重要。农业产业化发展形成初期，中小型企业居多，加上与农户的联结，合作要求高，政府部门应积极参与，以行业协会等形式构建有效的产业整合平台，鼓励和支持那些机制好、竞争能力强的龙头企业，加快技术改造，扩大规模，增强实力，尽快成为大型龙头企业集团。以龙头企业为核心，通过培植基地、开拓市场、发展中介组织、推广科技等多种形式，带动千家万户发展农业经济。

为推进一二三产业融合发展项目实施，三都县山地生态葡萄产业示范园区在建设的过程中，充分考虑规划范围及周边地区的生态特征，结合当今先进的设计思想，其建设理念可以概括为"区域整合"与"功能复合"。"区域整合"就是将园区有机融入整个三都县大农业，将其作为三都县农业的新产业进行建设，将城市新生活场所逐步引导进农业产业园区，从而与主城区紧密联系。"功能复合"就是以生产示范科研功能为核心，结合农业商务、文化聚落、旅游休闲等功能，打造成为一个新型的独具特色的一二三产业融合发展示范基地。按照布局合理化、生产科技化、功能多元化、管理规范化的理念，全面推进示范园的建设，把园区建设成集农业生产示范、科技示范、技术培训、科普教育、环境保护、农业观光旅游为一体的现代化农业产业园区，使农村产业融合的功能得到有效发挥。

（六）明确产业发展的目标实现脱贫致富

产业园区的建设与发展要有一定的辐射带动作用，既要让周围的农民享受到园区建设发展带来的便利，同时也要带动农民实现增收脱贫，只有如此才能成为具有广泛社会效益的脱贫产业。

普安县生态葡萄产业示范园区明确了布局合理化、生产科技化、功能多元化、管理规范化的发展目标，全面推进示范园建设，并争取用两到三年的时间，逐步形成以政府为主导，带动葡萄种植、旅游开发的"一托三"产业融合发展模式。把产业园区建设成集农业生产示范、科技示范、技术培训、科普教育、环境保护、农业观光旅游为一体的现代化农业产业园区。园区扶贫开发的功能得到进一步体现，辐射带动作用显著提高，现代农业建设取得明显进展，农业综合生产能力快速提高。带动全镇 27000 贫困户脱贫，解决就业人数 9500 人，实现农户年人均收入达 2.5 万元目标，使之成为农村一二三产业融合发展、农民脱贫致富之路的典范。

五、农业推广理论的应用及启示

三都县的葡萄产业通过几年来的培育发展，达到了相当大的规模，属于黔南州重点培育和扶持的农业产业，领导重视程度高、政策支持力度大、资金扶持额度强、涉农部门精力投入多、科技人员技术指导广，最终种植农户的受益也大。由于三都葡萄种植有着悠久的历史和成功种植的先例，农民接受程度较高，全面推广种植比较迅速，农民种植的积极性也比较高，新品种的推广普及也比较成功，无论是基地面积或是产品数量都已经达到了较大的规模，种植农户特别是种植大户的产量收入也相当可观。

三都县的葡萄产业对整个产业的辐射拉动作用较为显著。主要表现在以下几个方面：一是稳定农产品种植规模，公司和相关部门有基地建设的合作协议，在一定程度上保障了农产品的收购价格，种植农户只需将生产出来的农产品出售给公司，无须直接面对市场，从而保证了公司收购农产品的数量，同时也稳定了农户种植的规模；二是增加农产品的附加值，如果单纯依靠农户生产出来的初级产品，农产品的价值就比较低廉，只有通过龙头加工企业的精深加工，才能使农产品的价值翻番，增加农产品的附加值；三是增强抵御风险的能力，无论任何产品，只要进入市场，都会因市场价格的波动而受到影响，在"公司＋基地＋农户"的运作模式下，由于公司实力强、基地规模大，农户抵御风险的能力自然增强，并且绝大部分市场风险都被转嫁给了公司，公司则通过调整产品结构，生产特色产品，从而有效避免市场风险；四是不断拓宽和提升农产品价值内涵，公司深度挖掘产品的附加值，实现产品价值的最大化，不断拓宽和提升农产品的价值内涵，使葡萄产业和葡萄酒产业成为三都县经济和社会发展的重要产业，因此葡萄产业的发展潜力巨大。

第五节　关岭县花椒产业推广

一、基本情况

（一）产业种植点基本情况

板贵乡是贵州省安顺市关岭布依族苗族自治县（以下简称"关岭县"）所辖的一个乡，位于县城东南的214省道上，距县城约45千米，总面积约135平方千米，耕地面积1.97万亩，总人口1.7万余人，板贵乡地处低热河谷地带，年均温18.2—19.6℃，年日照时数不低于2500小时，年降水量约650毫米，降雨分布不均，冬春旱情严重，全年无霜期多达320余天。全乡2/3的面积属典型的喀斯特地貌，石漠化严重，地形切割破碎，耕地绝大部分为石旮旯山地，资源匮乏，土壤以黄色酸性为主，肥力差。农业以种养业为主，粮食作物以玉米、杂粮、红薯为主，牲畜有牛、马、猪，经济林果有油桐、乌柏、花椒、砂仁、柑橘、桃李等经济林，但其规模小、分布面窄。

花江镇位于关岭县西南部 28 千米处。210 省道贯穿全境，东连镇宁县，西接普利乡，南至上关镇，北抵板贵乡。总面积 159 平方千米，土壤以潮泥土和沙壤土为主。耕地面积 63473.5 亩，其中农田面积 21666.2 亩，旱地面积为 41484.2 亩，人均占有耕地 1.4 亩，现有林地 21679.9 亩，森林覆盖率为 9%，草地 12106 亩。地势西高东低，最高海拔 1270 米，最低海拔 650 米，属亚热带季风气候，平均气温 17℃，平均降水量 1200 毫米，无霜期 288 天，资源丰富，土地肥沃。

（二）花椒产业经营基本情况

花椒是四季常绿植物，种植花椒对绿化石漠化山区和保持水土具有明显效果，同时对退耕还林发挥了积极作用。1998 年，通过调查发现，花椒具有抗旱能力强等特点，适宜在石漠化山区生长。基于此，关岭自治县政府把花椒种植作为发展特色经济的切入点，确定了建设"万亩花椒基地"目标。通过广泛宣传员，示范带动，发动群众大力开发，从育苗到种植，办起了示范基地，依靠特色产业促进发展，实施植树造林、坡改梯工程，大力发展以花椒种植及深加工、火龙果种植为主的特色农业产业，取得了良好效果。关岭花椒主要分布在北盘江和打邦河流域沿岸等低海拔地区，覆盖板贵、上关、断桥、花江等乡镇。截至 2018 年，全县花椒种植规模已达 2 万余亩。初产期面积约 0.8 万亩，新造面积约 0.3 万亩，进入盛产期的花椒面积 1 万余亩，亩产鲜椒 150 千克，按 10 元 / 千克计算，亩产值可达 1500 元。其中尤以板贵出产的优质花椒为主，板贵花椒 60% 以上是利用荒山、瘠地种植，其投资少、见效快、效益高，且有利于绿化环境、保持水土，是该地区实施林业工程最稳定的主导产业，发展花椒种植得到了农户的极大支持。板贵花椒因其具有果实饱满、色泽鲜艳、个大皮厚、香味浓郁等优点而享誉全国。

板贵花椒加工企业有 1 家，即板贵花椒食品香料有限公司，该公司获得了"贵州省旅游商品生产企业定点生产企业""贵州省诚信私营企业""安顺市龙头企业"等荣誉称号。

二、推广效益

(一)社会效益

1. 促进了石漠化地区的治理

关岭自治县是典型的喀斯特地貌，石漠化严重，导致石漠化严重的主要原因在于土地植物被破坏，水土流失，越来越多的岩石裸露在外，所以根据该地区独有的地理位置及气候条件，当地政府合理地选择了花椒这种多年种的经果林植物进行规模化种植，有助于减少土地的翻耕次数，起到了固土锁水的作用，降低水土流失的速率，为当地提供了解决石漠化问题的方法，极大地促进了石漠化的治理。同时，种植花椒总结的技术路线对于其他石漠化地区也存在着借鉴意义。

2. 调动了群众投身石漠化治理工程的积极性

意识决定行为，当广大农民群众看到该林业项目能够实实在在改善生活环境，为自身带来利益时，人们便会自觉地展开行动，同时这种正向的行为活动具有广泛的传播性，有利于调动广大农村群众和社会力量参与到石漠化地区治理工程中来，形成全社会发展林业的局面，并发挥辐射带动作用。

3. 培养了一批农民技术能手

据悉，关岭自治县在 2017 年已经开展了 4 次种植培训，参与培训的人数为 199 人。培训内容主要有：首先号召群众对种植花椒理论进行学习，后邀请到重庆专业种植技术人员到现场进行具体的技术讲解，讲解内容涉及选种、放苗、盖土、施肥、浇水、剪叶、采摘、储藏等各个环节，并让农户进行现场操作，这种理论与亲身操作相结合的系统化学习帮助种植人员更准确地掌握生产方法和技术，促进农民的种植和管理技能进一步提高，为当地培养了一批农民技术能手。

4.优化了产业结构

据了解，当地在未进行产业结构调整之前主要以种植玉米、马铃薯为主，产量虽高，但产值却相对较低。经济林果有油桐、乌桕、花椒、砂仁、柑橘、桃李等经济林，品种虽多，但规模小、分布面窄。1998 年，通过调查发现，花椒抗旱能力强，适宜在石漠化山区生长，由此确定了建设"万亩花椒基地"目标，实现了规模化种植，提高了规模经济，同时实现了低价值的农产品向高价值的农产品的转变，优化了产业结构。

5.提高了农民的意识

2018 年 3 月，贵州省人社厅在关岭县花江镇开展了春风扶贫行动，该扶贫行动在花江镇 28 个行政村分别成立了村社一体合作社，同时将土地流转一起进行花椒的统一化种植和管理，改变了原来花椒种植较零散、不成规模的传统种植模式，从个体经营到集体经营，广大群众的利益被紧紧联系在一起，在这样的利益联动机制下，群众的力量汇集在一起，齐心协力共谋发展，提高了农户之间的抱团发展意识。另外，由于以往个体农户种植花椒的规模较小，其产量通常只能满足自身需要，少有余量投放到市场进行销售。如今花椒产业规模化，产量得到极大提高的同时，当地的交通也有了明显的改善，许多农户在满足自身需求的同时，会将多余的花椒投入到市场进行销售，一方面增加了家庭收入，另一方面也增强了农民的市场化意识。另外，该产业还帮助农户提高了长期收益的意识。以往农户的主要农作物是玉米、马铃薯，这类农作物的特点是种植到产出的时间短、收益快，但是属于低产值作物，所带来的经济收益较低，现在农户种植的花椒属于高价值农作物，收益需在一定时间内显现，从以往的低产值作物转向高产值作物，从以往的短期收益转向现在的长期收益，提高了农户长期收益的意识。最后，该产业提高了农户发展家乡的意识。当地花椒产业规模越来越大，带来的经济收益也越来越高，更多人选择留在家乡发展，劳动力的增加又进一步促进当地产业和经济的发展，在这种良性循环和利益推动下，农户发展家乡的意识也不断提高。

（二）经济效益

1.拓宽农户增收渠道，提高实际收入

贵州人社局开展的春风扶贫行动将土地流转与花椒的统一化种植和管理一起进行，营造花椒生态经济林的农户可从育苗、造林、抚育、管护等过程中直接取得劳务报酬。据 2018 年 3 月的报道可知，这些参与营造花椒生态经济林的农户每天可从中获得 80 元的劳务报酬。同时对于参与合作社并以土地入股花椒种植的农户，不仅能够得到相应的劳务费，还能在花椒生产实际收益时按股获得分红。据调查，之前当地的主要农作物为玉米，其产值为每亩 800 元，而现今种上了花椒，预计到花椒盛产期（第八年），亩产鲜椒 150 千克，按 10元 / 千克计算，亩产值可达 1500 元，相比较，转变农作物后，其亩产值提高了近 1 倍，不仅拓宽了农户增收的渠道，增加了农户的实际收入，也极大地改善了农户的生活水平。

2.带动全县经济发展

花椒种植不仅给当地农户带来了经济收入，同时也促进了该县相关产业的发展。如板贵花椒食品香料有限公司主要从事花椒的精加工处理，其产品类型包括花椒油、花椒粉等精加工的产品，通过对原材料的加工，提升了该农产品的附加值，同时该公司还成功打造了以"板贵花椒"命名的品牌农产品，成为当地名椒，销量大增，销售范围和知名度也在不断扩大，受到广大消费者的青睐。当然除了涉及花椒的精加工企业，还涉及许多其他的企业，如花椒包装企业、花椒种植器械企业等都能从中收益。该产业的发展是全县农村经济新的增长点，为全县经济持续发展提供了后续力量。

（三）生态效益

该地区属于喀斯特地貌区，石漠化严重，喀斯特石漠化最主要的原因就是水土流失，水土流失不仅会降低土地生产质量，减少土地的有效使用面积，同时存在极大的安全隐患，容易造成山体滑坡，最终造成经济和人身损失。而花椒的主根较短，侧根较多，主根与侧根容易形成错综复杂的根部网络，能够很好地与土地结合在一起，形成强大的附着力，具有涵养水源、减少土壤流失的功效。另外，花椒树是经果林植物，属于多年种，不需要频繁对土壤进行翻耕，进一步减小了对土地的破坏。除了这些功能以外，花椒在保肥、净化空气、减灾增收等方面也发挥着重要作用。

三、技术路线

（一）产品种植技术路线

1. 种植时期

花椒苗种植时间一般分为两季，即春季和秋季，具体的时间根据当地的情况和种苗的生长情况而定。播种时间的确定主要以两季中降水量的多少为参考，一般选择降水量较多的一季，降水量多的季节能够提高土壤的水分，便于耕种，同时能够保证种苗对水分的需求。种苗时要对部分嫩叶进行修剪，目的是减少种苗的水分挥发，同时尽量在种苗发芽前进行种植。

2.种植方法

栽种前要提前做好挖坑准备，种植坑的密度根据所处的具体地理位置来定，山坡地区的种植坑密度一般比平原地区的大一些，以保证每棵种苗有足够的生长空间，种植坑的大小根据种苗根部的大小来定。在移栽之前需要在定植坑中加入适当的化肥，加入化肥后用少量的土将其盖住后，将种苗端正地放入坑中，再用土将坑填平，为了防止水分挥发，可在种苗的附近再适当地盖上一些土壤或石块，同时浇上一定量的水。为了防止种苗偏移、降低存活率，可在种苗旁边建立支架。检查种苗上是否存在萎蔫卷曲的叶子，如存在可以进行适当摘除，其目的是避免水分及养分的浪费。定期对种苗的发育情况进行检查，当出现死苗时，应该及时进行补栽工作。

3.园地管理

园地管理包括了施肥、追肥、灌溉等各项工作，这些工作的质量直接影响了花椒树的生长，进而直接影响花椒的产量。在种苗生长过程中，要及时对种苗进行除草，防止杂草与种苗之间争抢养分与水分，影响种苗的发育。同时在管理过程中，适时施加肥料也是重要的内容之一，施加肥料的时间一般在春季和秋季，以氮肥为主，辅以氮磷钾比例适中的复合肥。根据不同作用可将化肥分为催芽肥、越冬肥、壮果肥等，不同作用的肥施加的时间、所用的品种和含量也各不相同，如越冬肥，施肥时期一般为11—12月，主要以45%复合肥为主，该阶段施加的量是整年施肥量的10%。

4.树枝修剪

修剪工作在花椒生长的过程中起着关键的作用，及时地剪去病变的枝干，防止传染给其他树枝，有利于树枝整体的生长；及时处理病变树枝也能平衡树枝的整体养分和水分，进一步促进树枝生长。对原来受灾严重且保存下来的部分植株采取平茬复壮技术措施，使濒临死亡的植株迅速恢复生长，最大限度降低受灾花椒的死亡率。根据其生长的阶段来选择具体的方法。在幼龄期，以合理树型为主，确定40厘米的主干，并保留四到六个旁枝，去掉多余的树枝。在结果期，以疏松为主，将生长茂盛的枝、弱枝、病枝剪掉，让整个树枝能够充分进行光合作用，提高整个树枝的生长能力。在衰退期，修剪主要是针对枯干枝、病变枝，让整个树干能够重新恢复生命力。树枝修剪的类型也多种多样，包括丛状树形、开心树形等。修剪工作完成后要用特定的药物进行涂抹，防止病虫害侵入树枝，造成树枝病变，影响树枝的正常生长，同时需要及时用药物涂抹以防止截面干裂，缩短树枝愈合的时间，也能够减少水分挥发，降低其对整棵树枝的不良影响。

5.综合防治病虫害

花椒生长过程中一定要做好病虫害的防治工作，定期进行检查，加强管理工作，提高花椒的生长质量。常见的虫害有蚜虫、红蜘蛛等，常见的病害包括诱病、干腐病等，应根据不同的类型采用不同的治理方法，做到对症下药，提高治理的效率。在选择农药时，应以绿色、低残留、无公害为标准，最大限度减少其对环境和植物的破坏。

6.适时采收

过早或过晚的采摘都会影响果实的质量，过早采摘，麻香味不浓郁，影响口感；采摘时间过晚，其果实颜色会呈现出红褐色，影响成色。选择合适的采摘时间才能保证花椒的品质。采摘时间一般在9月份，雨天采摘容易导致花椒发霉，影响花椒的质量，因此采摘的天气宜选在天气晴朗之时，成熟的果实颜色呈现出深红色或浅红色，部分果实会开裂，露出的种子颜色为黑色，同时麻香味浓郁，此时便是采摘的最佳时期。采摘的方式多种多样，可直接徒手采摘，也可用剪刀剪下。另外，可根据实际情况，对采摘后的果实进行 2—3 小时晾晒，以保证果皮与里边的种子分离。

（二）石漠化治理技术路线

（1）采用生态经济林营造技术。石漠化地区土薄不抗旱，针对这一特殊立地条件，采取营造生态经济林的措施，在抓经济的同时注重生态建设和恢复，采用营养袋育苗进行上山造林，采用见缝插针方式植苗。做好经济林种植、管理等相关技术培训，让林农掌握一定的种植管理技术，提高种植管理水平，推进解决石漠化地区的生态治理问题的进程。

（2）对保水性能差的土壤和立地条件差的地区或干旱地段，施用保水剂或采用地膜覆盖等技术措施，解决石漠化地区造林难成活的问题。

（3）利用农林复合经营技术，建立林农模式、林药模式等复合模式治理石漠化，以减少水土流失，并通过林药、林农结合以短养长解决治理石漠化，促进农民增收。

（4）提倡雨季造林，即在农历 5—6 月雨季时造林，同时组建造林专业队开展工程林建设。

四、基本经验、存在的问题及建议

（一）基本经验

1.环境治理与经济发展相结合

无论板贵乡还是花江镇，都属于喀斯特地貌，石漠化严重。石漠化程度的不断恶化导致更多的岩石裸露在外，耕作面积越来越小，影响着当地的经济和生存空间，治理石漠化问题迫在眉睫。因此，各级领导及技术人员深入实地反复调研，从最早提出通过当地群众零星种植的花椒作为当地造林树种，在石漠化严重石山区进行造林，到后来应用贵州大学林学院、贵州大学喀斯特生态环境研究中心关于"喀斯特（岩溶）高原生态综合治理技术与示范"课题研究成果，进一步探索适合该地区大面积种植发展花椒产业的一套技术方法和措施，始终以环境治理与经济发展共同推进为主线。选择以花椒为突破口，不仅对改善环境治理有帮助，同时促进了经济发展。从生态效益方面来讲，花椒树主根短，旁枝较多，容易形成根系网络，能够稳固土壤，涵养水分，减少水土流失，能够有效治理喀斯特石漠化问题；从经济效益方面来讲，花椒不仅具有食用价值，还具有药用价值，其市场价格相对于传统的农产品（如玉米，马铃薯）要高出好几倍，这大大提高了农户种植的积极性。只有将环境治理与经济发展相结合，实现生态经济共同发展，充分考虑农户的利益，才能推动相关工作持续开展。

2.采用"龙头企业＋农民专业合作社＋农户"模式

最初，当地政府提出以花椒作为造林树种，在石漠化严重的石山区进行造林，参与的农户较少，种植花椒树的数量也相对较少，没有形成规模化，种植花椒树的主要目的还是以治理石漠化问题为主，在经济利益上的考虑较少。后来，在运用了贵州大学的有关课题成果的技术和措施后，确定了大面积种植发展花椒产业，形成了"政府＋农户"的模式，带动了一大批农户投身花椒产业的生产，扩大了种植规模，提高了经济效益。随着时间的推移，加之全国脱贫攻坚的大背景，当地的经营模式越来越完善和成熟，据材料得知，2018年3月，贵州省人社局在花江展开的春风扶贫行动，不仅推动花江镇28个行政村都分别成立了村社一体合作社，同时鼓励农户通过流转土地入股花椒产业的发展。另外在活动现场，周黑鸭与花江镇签订了花椒供需的战略合作协议，以不低于市场价的价格收购，为当地农户解决销路问题，形成了"龙头企业＋农民专业合作社＋农户"模式，在这种更加完善和成熟的经营模式下，农户不仅能够直接在农户专业合作社务工，从育苗、造林、抚育、管护等过程中直接取得劳务报酬，还能通过流转土地入股花椒产业，定期得到分红，提高了农户抱团发展意识和主人翁意识，促进花椒产业又快又好发展。同时，专业合作社会定期开展培训，包括理论与实际操作、课堂与现场结合等方式，农户的种植技术不断提高，培养了一批专业的种植能手。龙头企业的加入，解决了花椒的销量问题，增强了农户种植的信心，进一步促进了花椒产业的发展，对提高农户收入，推动当地经济发展，全面建成小康社会起到了重要作用。

　　3.科学决策

　　关岭自治县属于典型的喀斯特地貌，石漠化程度严重，导致石漠化不断加剧的关键因素在于水土流失，因此只有选择根系网络复杂、能涵养水源、减少土壤流失功能的植物才能改善当地的生态环境，而经果林植物品种众多，选择以花椒作为当地的造林树种，是因为花椒具有抗干旱能力强、喜阳等特点，与关岭县的年降水量较少且降水量分布不均、日照时数长的地理气候环境特点相适应，这些经验是各级领导及技术人员深入实地反复调研得来的，是根据当地的具体情况总结出来的，体现了当地政府决策的科学性。

　　起初是运用群众零星种植的花椒作为造林树种，后应用贵州大学林学院、贵州大学喀斯特生态环境研究中心关于"喀斯特（岩溶）高原生态综合治理技术与示范"课题研究成果，进一步探索适合该地区大面积种植发展花椒产业的一套技术方法和措施，扩大了花椒的生产规模，提高了花椒的产量，增加了农户的收入。作出零星种植到大面积种植这项决策，也是建立在科学的技术和依据上的，并不是照搬他人经验或凭空想象的，这体现了决策的科学性，只有运用科学的方法进行决策，才能够提高决策的准确性，才能够保证发展方向和速度。

（二）存在的问题

关岭县板贵花椒栽植规模、生产效益虽有所增加，但距离花椒管理标准化还有一定距离，且农户管理水平差异较大，生产中还存在一些不可忽视的问题。一是重栽轻管、集约化程度低。近年来，随着板贵花椒栽植面积的迅速扩大，形成了万亩花椒基地，但是，从栽培到管理，农户都没有充分重视，致使土壤保水性能很差，忽视了花椒肥水管理、整形修剪及病虫害防治等环节。二是群众种植积极性低。由于受市场价格波动影响，花椒价格曾出现回落，又因近年来火龙果发展势头猛、见效快，使农户种植花椒积极性受挫，甚至弃种。三是花椒采摘、干制技术落后。目前，花椒采摘是用人工手摘，每天人均采鲜椒 8—10 千克，采摘速度慢，花费时间长。若遇阴雨天，采下的花椒无法晒干，香味淡，色泽暗，品质差。四是花椒深加工工艺、包装技术落后。目前，花椒加工业发展缓慢，现有花椒加工企业一家，其规模较小，加工能力弱，仅是对花椒产品进行初加工和简单包装，对板贵花椒品牌打造和宣传力度有限。

（三）对策建议

一是坚持科技示范引领。通过项目实施，积极营造适合科技创新人才成长和充分发挥作用的良好环境，要努力造就一支结构优化、素质优良、富有创新力的林业科技人才队伍。全面提高林业科技创新能力和水平。二是加大宣传，提高群众造林经营花椒的积极性，让群众了解花椒市场价格变化情况。同时请求上级继续加大对农业科技推广示范项目的支持力度，把先进的经验和技术成果推广应用到生产实践中去。三是提高技术水平。可以与相关的高校建立合作关系，通过高校中的专业人员来研究相关的技术，其研究成果直接运用到生产加工中，同时定期邀请专业人员到现场进行技术指导，提高产品质量，促进产业发展，增加农民收入。四是提高经营加快造林绿化步伐，积极推进生态文明建设，以开展县乡村造林绿化工程为契机，在沪昆高速公路和在建铁路沿线适于种植花椒的区域大力发展花椒产业。五是积极引入外资企业参与到花椒产业的建设中来，扩大花椒的相关产业，同时对发展花椒产业的企业进行一定的政策支持，帮助更多的相关企业发展壮大起来，从而解决年轻劳动力的就业问题，降低年轻劳动力外出工作的数量。

五、农业推广理论的应用及启示

（一）相关农业推广理论在花椒种植上的应用

1.创新扩散理论的应用

美国学者 Rogers 认为，创新扩散是指某项创新在一定时间内，通过一定渠道，在某一社会系统的成员之间被传播的过程。决定这项创新是否得以扩散的因素有很多，不仅受创新本身的影响，同时受社会、被传播对象的个人特征以及该创新所带来的经济效益、存在的风险等多方面的因素影响。创新传播过程主要由四阶段组成：一是突破阶段。该阶段主要由接受能力强、文化素质较高的人实行，是一个从无到有的突破过程。二是紧跟阶段。该阶段的特点是。即使没有推广服务，该阶段也有10%—20%的人会采取创新。三、四阶段则分别是跟随阶段和从众阶段。根据以上对创新扩散理论的简单介绍，可以看出，本案例中运用了创新扩散理论。首先，在 1998 年通过调查发现花椒抗旱能力强等特点，适宜在石漠化山区生长，因此由政府牵头，实行坡改梯工程，选择以花椒作为树种进行植树造林，并广泛宣传动员，示范带动，发动群众大力开发，从育苗到种植，办起了示范基地，实现了扩散过程的突破。2018 年春风扶贫行动中，与土地流转一起进行花椒的统一化种植和管理，农户不仅能从中获得直接劳务费用，同时还能够从以土地入股、在花椒产业产生实际收益后获得分红，在可预见经济获利性的驱动下，更多人参加到了该产业的发展中来，进一步推动了扩散过程。花椒种植产业不仅给当地人民带来了可观的经济效益，同时也有效改善了当地喀斯特地区石漠化的问题。环境治理与经济发展相结合的模式，实现了经济生态双丰收的良好局面，因此调动了其他喀斯特石漠化严重地区的群众和社会力量投身该产业，形成全社会发展林业的局面，并起到辐射带动作用。

　　2. 行为改变理论的应用

　　人的行为改变通常是在动机的驱动下为了达到某个目标的过程，而动机是受到内在需求和外部因素引起的。行为改变理论包括需求理论、动机理论、激励理论。本案例中的花椒种植产业就很好地运用了行为改变理论。从地貌环境来看，当地是典型的喀斯特地区，石漠化严重，耕地面积不断下降，在过去很长一段时间里，都是国家对该地区直接进行粮食供给，面对这样的境况，大多数农户对风险的态度都是厌恶的，如何提高收入、解决温饱问题才是当地群众最关切的问题，由政府牵头的花椒种植产业能够将风险控制在一定的范围内，同时主要的风险都是由当地政府来承担，提高了一定的参与度。另外，农户不仅能从花椒种植的各个环节获得劳务费用，同时还能在花椒产生实际收益时获得分红，起到了很强的激励作用。在满足了最迫切需求的同时又兼顾了对环境的治理，降低了石漠化加剧带来的经济与人身的安全隐患，进一步满足群众的安全需求，在这种经济与生态共同发展的双赢局面中，人们的行为发生了改变，更多人投身到了发展花椒产业的行列中来。

（二）农业推广理论在花椒种植中的启示

在农业推广过程中，要着重关注接受能力、改革意愿强的农户，形成农业推广的先驱者和早期采用者，他们的参与不仅能够实现从无到有的突破，还能够带动和影响更多的人探索和尝试该产业。大多数人都属于风险厌恶型，所以在先驱者和早期者的探索下，利益确定可预见后，这类人也会参与到该行列中来，参与者的人数才会大幅提高，因此想要提高推广效率，重点就在于有针对性地发展和培养出一批专业示范户。

另外，人的行为是由动机产生的，动机是由内在需求和外部因素引起的，而最迫切的需求是主导人们行为的优先动机，因此在进行农业推广时要准确掌握哪种需求是最迫切的需求，在实际案例中，最迫切的是提高收入需求，只有当满足了最迫切的需求，才有利于推动工作的开展。

最后，农业推广过程中，要注重政府的合理引导与特定的地域情况相结合，不能脱离实际，搞强制性的推广。同时，要注重充分调动农民的积极性，让广大的农民从中受益，从而变消极为积极，主动参与到推广过程当中。

第五章　其他推广实践案例

第一节　农业科技成果转化项目推广

一、基本内容

贵州省油菜研究所前身为贵阳棉业实验场，于 1936 年始建于贵阳长坡岭，1955 年迁移到思南县塘头镇，1980 年调整改名为贵州省油料科学研究所，2006 年整建制划归贵州省农业科学院，行政管理部门搬迁至贵阳市金阳国家高新区，2006 年 10 月更名为贵州省油菜研究所。该研究所形成了以种质资源、遗传育种、栽培生理和分子生物学为主要研究领域的公益型省直事业科研机构，是贵州省油料科学领域研究创新、产业开发、人才培养的重要基地。

目前，研究所主要从事油料作物品种资源、油菜遗传育种与栽培、花生育种与栽培、油料作物分子生物学、油菜制种技术、新品种的成果转化、产业化技术研究与应用等领域的研究。1998 年，经贵州省科技厅批准建立了贵州省油菜工程技术研究中心，同年由农业部批准建设国家油菜原种基地，2002 年农业部批准建设国家油菜改良中心贵州分中心，2007 年建设国家油菜产业技术体系综合实验站。

研究所下属机构分为管理、科研和成果转化三大部门。其中，科研机构设有贵州省产业技术发展研究院农业分院、国家油菜改良中心贵州分中心、国家油菜原原种基地、国家油菜产业技术体系综合实验站、贵州省油菜工程技术研究中心、贵州省油菜生物技术与品质分析实验室、贵州省油菜产业技术体系栽培实验室、油菜所育种创新团队以及成果转化和油脂加工研究室。该科研机构现有品质分析与分子生物技术仪器设备370多台套，网室3000平方米，人工气候室两间，在思南县塘头拥有实验基地800亩，在贵阳市金阳国家高新技术产业区建有油研科技园43.5亩，在贵州、海南、四川和湖南等省有制种基地3万亩，具备了从事科技创新和成果转化的条件。

近20年来，先后选育审定油研、宝油系列等油菜品种共计60余项，其中黄籽双低高含油率杂交油菜新品种46个，含油率高达46%以上的品种达10个。2009—2012年新育成福油508、油研818、油研817、油研50、黄籽双低特色油料新品种成果，这些成果通过农业部国家农作物品种审定委员会审定，标志着其高油分黄籽双低优质杂交油菜育种在国内位居前列。2013年已育成油酸含量高达75%的高油酸新品系材料D62，2013年又育成宝油12、油研57、宝油87等高油分黄籽双低新油料品种。

此外，研究所的科技创新主要体现在：杂种优势的利用、高含油量油菜品种选育、成果转化三个方面。

（1）杂种优势的利用。侯国佐 [①] 发现117A隐性核不育授粉控制系统，率先提出了双隐性核不育杂优育种理论及技术体系，成功研制了油菜隐性核不育两系，其应用在国内领先，育成杂交油菜品种占全国同类品种的40%以上。2006年以来，共审定油菜新品种达60个，

---

① 侯国佐，男，中共党员，研究员，贵川省荣誉核心专家。

其中国家级审定品种 20 个，省级审定品种 40 个；油研 7 号是国家油菜育种攻关首批育成的四个双低杂交油菜品种之一，其优质油菜推广的范围和面积在国内居领先地位。

（2）高含油量油菜品种选育。率先提出将油分蛋白总量 70%（45% +25%）作为育种目标，为高油分高蛋白材料创新及品种选育提供了理论基础，引领国内高油分育种的开展进程；其中 2004 年育成的油菜新品种"油研 10 号"是全国第一个同步通过长江上中下游三个大区审定的优质油菜新品种，含油率平均达 44.5%，居 70 多个参试品种的首位；2006 年在四川省通过审定的"绵新油 19"创下了四川省历史以来高油分品种的最高纪录，含油率达到 45.52%；"宝油 85"在国家长江下游区试中含油率高达 47.32%，居小组第一位。仅 2007—2009 年全国审定含油率大于 46% 的国审油菜新品种共 10 个中，该所占 5 个。

（3）成果转化。该研究所率先在国内科研单位建立了育、繁、推一体化模式，优质品种推广范围覆盖了 13 个省（直辖市），科技成果实现了 100% 转化。创建了"油研"和"宝油"品牌，"油研"商标获贵州省著名商标。

2002 年以来，该所承担国家"863"项目、农业部"948"项目、国家重点科技攻关项目、国家科技支撑计划、国家自然科学基金、科技部农业成果转化资金、贵州省重大科技专项、贵州省"七五至十一五"科技攻关、国家和省重点推广项目、国家新品种后补助及重大后补助项目、贵州省农业科技攻关项目、贵州省自然科学基金等共计 130 多项。2006 年以来，审定油菜新品种达 60 个，其中国家级审定品种 20 个，省级审定品种 40 个。国家科技进步二等奖 1 项，贵州省最高科学奖 1 项，省"十一五"十大农业科技成就奖 1 项，贵州省科技进步一等奖 1 项、二等奖 8 项、三等奖 9 项，其他奖 26 项。申请了植物新品种保护 31 项、授权专利 6 项、注册基因 3 个。"十一五"以来共发表科技学术论文 200 多篇，其中 SCI 论文 5 篇，出版《贵州油菜》和《油菜隐性核不育研究与利用》两部专著。

二、推广效益

（一）经济效益

1. 科技创新带动经济增长

贵州省油菜研究所研究发现并转育成功的双低杂交油菜"油研 7 号"获国家科技进步二等奖。该品种的推广应用带动了种子产业化的发展，建立了完善种子产业化的应用体系。品种产量最高可达亩产 291 千克，一般亩产 150—180 千克，品质达国家双低标准。到 2000 年秋，累计制种 4533 公顷，收种 327 万千克，为贵州山区制种农户增收了 3280 万元。

2. 制种产业帮扶农户增收致富

2015 年 4 月 19 日，贵州禾睦福种子有限公司在贵州省长顺县举行杂交油菜制种现场会，共计 200 多人参加。在会上，该公司组织参会专家和村民代表现场选择高、中、低三种代表类型田地进行理论测产。

最终测产结果发现，上等责任田实测面积 1.5 亩，实测种植密度母本 3201.6 株／亩，平均株高 180.7 厘米，一次分枝 11.1 个，平均分枝高度 67.5 厘米，主花序长 68.3 厘米，单株有效角果数 954.9 角，每角实粒数 12.97 粒，千粒重按常年 3.8 克计，理论产量 150.68 千克／亩；中等责任田实测面积 3 亩，实测种植密度母本 3501 株／亩，平均株高 179.7 厘米，一次分枝 10.9 个，平均分枝高度 71.6 厘米，主花序长

66.7 厘米，单株有效角果数 852.7 角，每角实粒数 11.6 粒，千粒重按常年 3.8 克计，理论产量 131.59 千克/亩；下等责任田实测面积 2.6 亩，实测种植密度母本 3108.8 株/亩，平均株高 170.2 厘米，一次分枝 9.6 个，平均分枝高度 73.8 厘米，主花序长 62.8 厘米，单株有效角果数 768.3 角，每角实粒数 11.2 粒，千粒重按常年 3.8 克计，理论产量 101.65 千克/亩。三种类型示范田加权平均理论计算的产量为 124.65 千克/亩。

该公司种子收购价格 13 元/千克，产值 1612 元；亩产父本 58.53 千克，父本按商品籽出售 5 元/千克，产值 292.65 元；合计亩产在 1904.65 元左右。长顺过去种植的当地油菜平均亩产 75 千克，产值 375 元，杂交油菜剩种比当地种亩产增收 1000 多元。2014 年，该公司在长顺县鼓扬镇、长寨镇、芦山镇共发展了 2000 亩油菜种植（杂交制种），在 2015 年夏季收获时给参与制种的农户增收 200 多万元，经济效益明显。

3. 科研推广，创效显著

经油菜研究所科研人员多年的潜心攻关，在 2007—2009 年的国家审定含油率大于 46% 的油菜新品种 10 个中，其中 5 个是贵州省油菜研究所育成的。同时，该所在全国率先提出了双隐性核不育杂优育种理论及技术体系，研发出了一系列优质高产油菜新品种，并推广到长江流域的贵州、四川、重庆、湖南、湖北、安徽、江苏、浙江、上海等 13 个省市种植，创社会经济效益 100 多亿。

此外，贵州禾睦福种子有限公司负责油研 817 规模化种子生产，负责贵州、四川、重庆、浙江等中间实验示范和大面积推广应用，2012—2013 年该公司生产油研 817 杂交油菜种子 37128.4 千克，销售油研 817 新品种杂交油菜种子 2.72 万千克，实现产品销售收入 115

万元，实现净利润总额 57 万元。

（二）社会效益

1. 带动农民增收

1988 年，贵州省油菜研究所的杂交油菜开始制种，"油研"牌、"宝油"牌系列杂交油菜品种在长江流域 13 个省（直辖市）累计推广 1 亿多亩，创社会经济效益 100 亿元，为农户增收超 1 亿元。2013 年，从贵州省长顺县、惠水县推广情况来看，贵州省油菜研究所制种团队共在两县帮扶农户 3244 户，进行杂交油菜制种 7102 亩，为农户增收 700 多万元。2014 年夏，长顺县鼓扬村 208 户农户的杂交油菜种植 302 亩，制种收获 3.12 万千克，平均每亩产量 103.3 千克，亩产值 1697.53 元。这与当地油菜平均产量 75 千克/亩、产值 375 元相比，每亩增收 1322.53 元，为该村 208 户农户制种增收共计 30 多万元。

研究所的油研 817 通过国审后，2012—2013 年在浙江、四川、陕西、重庆、贵州等累计推广应用 27.08 万亩，平均产量 174.95 千克/亩，油菜商品籽总产 4737.98 万千克，总产值 23689.88 万元。在浙江区域比对浙双 72 增产 14.4%，在长江上游区域比对照油研 10 号 6.82%，比对照增产 318.42 万千克，比对照新增产值 1592.11 万元；与当前贵州平均油菜单产 130 千克/亩比较，新增油菜籽 1217.32 万千克，新增社会效益 6086.58 万元。

2. 油菜全程机械化增加社会效益

2012—2013 年贵州省油菜研究所在思南塘头镇油菜所基地、芭蕉村、坚强村开展油研 817 水稻田机械化浅耕直播联合示范和机械化收割全程机械化示范。油菜全程机械化亩投入 345 元左右。而传统育苗移栽亩投入高达 695 元，如果均以亩产 150 千克计算，单价按 5 元/千克，亩收入 750 元；育苗移栽扣除劳动力等投入外，每亩只有近 55 元纯收入，而机播机收生产则每亩有 405 元纯收入，节约劳动力成本 350 元，全程机械化种植油菜的效益是传统育苗移栽的 7.3 倍。通过示范带动贵州全程机械化 1 万亩，直接增加社会经济效益 350 万元。

2013 年开始，油菜研究所研究团队在建立优质油菜制种基地时便开始摸索机械化制种。根据研究所团队负责人的预估，如果贵州省建立长期稳定的杂交油菜制种基地 10000 亩，那么每年会为这部分参与制种的农户直接增收 1000 万元。而要实现这样的梦想，就需要依靠多方面的物资支持，机械化制种是其中一个因素。通过机械化制种，不仅能够有效地解决农村有效劳动力短缺的问题，每亩制种土地还能节约劳动力成本 300 元。这样的发展方式不仅解决了农户劳动力不足的问题，也增加了他们通过杂交油菜制种获得的收入。

3. 人才培养、新增就业、培训技术人员及农户社会效益

油菜研究所广泛开展人员技术培训。2017 年 9 月 24 日，该所思南油菜综合实验站在都匀市丙午村开展"油菜高产栽培技术培训会"，并现场向农户、贫困户发放高产油菜种子，此次现场培训共发放资料 200 余份，参训人数达 120 余人。参训村庄村民有长年种植油菜的习惯，但产量低，针对这样的情况，实验站免费发放了早熟、中熟油菜种，并就油菜种植过程中容易出现的问题（整地、育苗、移栽、施肥、病虫害防治等）进行了详细的讲解，帮助农户掌握高产油菜的栽种技术，获得高产油菜的新栽种技能。

4. 产研合作带动产业化发展社会效益

油菜研究所研究成果转化形成了一系列产业化转化平台，在 2001—2012 年分别组建了贵州油研种业有限公司、思南油研种业有限公司和贵阳高新油研科技有限公司。贵州油研整合思南油研、贵阳高

新油研，贵州油研吸纳鼎信博成创业有限公司等风险资本组建贵州和睦种子有限公司和贵州和睦福生态农业科技发展有限公司，形成了专门的农业产业链和优质农产品研发的产业化发展道路。

利用油菜高产优质高油高效的品质优势，通过订单生产国内领先的高不饱和脂肪酸菜籽原料，建成加工工艺国内领先的油菜脱皮低温压榨生产线，生产出不饱和脂肪酸含量高达93%、能与橄榄油媲美的菜籽油。

5.助力脱贫攻坚

2017年9月8日，贵州省农科院油菜研究所联合德江县平原镇人民政府举办了"平原镇2017年油菜产业助推脱贫攻坚培训会"。此次培训会具体讲授了双低优质油菜、育苗移栽、直播撒播、科学施肥、病虫草害防治等关键技术，解决了农户长期以来油菜种植的技术难题和困惑。参会农户81人，其中贫困户8户，发放技术资料100余份。

为了助力产业脱贫，油菜研究所与当地政府协商建设2000亩优质油菜示范基地。并给予农户以下承诺：优质油菜种子全部由研究所免费提供；当地政府为所有参与种植的农户购买农业保险；所产的优质油菜籽全部由产业化订单的形式按保护价6.0元/千克的价格出售给贵州油研纯香生态粮油科技有限公司。

（三）生态效益

油菜是我国长江流域冬季农业开发的主要经济作物，种植面积近亿亩，长江流域是油菜生产的适宜产区，油菜是冬季作物，不仅不与粮食作物争地，而且是用地、养地、开发冬闲田、发展冬季农业的油料作物。我国长江流域发展冬季油料作物生产，重点发展油菜生产，开发长江流域双低油菜带具有重大意义。

杂交油菜制种项目可实现我国油菜的高效加工利用，开创双低菜籽高效加工的新局面，将极大提升我国油料和油脂加工的总体技术经济水平，增强我国种植业和油脂加工业的国际竞争力。

杂交油菜制种项目可提高我国人民食油营养健康水平。菜油占我国食用植物油总量的60%。油菜籽脱皮冷榨油不接触化学试剂，符合绿色、健康的要求，对改善食用油的营养品质有重要意义。

杂交油菜制种项目能有效缓解我国饲料蛋白的严重紧缺，节约进口饼粕蛋白的巨额外汇开支。我国畜牧业每年需6000万—8000万吨饲料，蛋白质饲料源年缺口约1000万吨。菜籽脱皮技术可生产出安全、优质的低硫甙饼粕，促进畜牧业、饲料业及相关产业的发展。

杂交油菜制种项目示范带动贵州油菜向机播机收高效种植方向发展，油菜种植和收割的机械化，为现代油菜产业化订单解决了用工量多、劳动强度大、生产成本高、比较效益低的问题，为优质油菜产业订单生产优质、高品质原料提供技术支撑。

三、技术路线

（一）项目实施技术

引进新技术、新设备，建立脱皮冷榨加工生产线。完成情况：在思南塘头完成木厂房改建工作，建立新标准厂房，完成建设加工厂房面积1200平方米。与武汉粮农机械设备制造有限公司合作，购置油菜籽脱皮和皮仁分离系统1套、菜籽仁暂存罐1个、菜籽仁调质系统1套、初次压榨双螺旋冷榨机1台、二次压榨双螺旋冷榨机1台、输送设备1套、油渣绞龙1套、油渣刮板1套、澄油箱1个、过滤机1台和精滤机1台。在思南塘头建立1条"油菜籽脱皮低温压榨加工中试生产线"，日加工处理能力15吨，完成目标任务。

与汕头市恒昌五星机械有限公司合作，购置不锈钢储油罐4个，新购置 DZG-AX23 自动灌装机 1 台、ZGY-1 滚压盖机 1 台、防盗盖锁机 1 台、输送带线 1 套；建立 1 条纯天然脱皮冷榨优质油灌装生产线，2013 年 5 月完成安装调试成功，完成目标任务。

通过项目带动，与武汉轻工大学实施"油菜籽脱皮冷榨制纯天然油的方法"新工艺技术科技合作，现公司已通过商标注册、产品的包装设计、定位、网站建立、知识保护等，初步形成了"禾睦福"脱皮冷榨菜籽油新工艺、新技术、新产品研发应用体系，逐步建立营销网络，开发新产品、新品牌，为脱皮冷榨高品质菜籽油的规模化生产打下市场基础。

（二）产研结合

（1）建立科技创新平台，包括国家油菜改良中心贵州分中心、国家油菜综合实验站、国家油菜原原种基地、贵州省油菜工程技术研究中心、贵州省油菜院士工作站。

（2）与其他单位合作创新，情况如下：与中国农业科学院合作开展生物技术育种，与华中农业大学开展油菜新材料创新研究，与贵州大学合作开展油菜种子丸粒化和杀虫剂的研究，与中国中医科学院合作开展紫苏药理研究，与贵州神奇制药公司合作开展紫苏产品的研发。

组建研究成果转化平台。具体内容社会效益模块有提及，不做阐述。

四、基本经验

（一）"百花油菜＋黄花油菜"构建"农旅平原图景"

采用"百花油菜＋黄花油菜"构建"农旅平原图景"，建立"优质油菜＋美丽乡村"观光旅游示范带。农旅融合作为一种新型农业经营形态，已渐成气候，增强了农业竞争力，成为一道靓丽的现代农业风景线。在示范区开展"以农兴旅、以旅富农，打造新农村休闲胜地"的项目，如在贵州省德江县举办的"美丽乡村旅游文化节暨平原镇第二届油菜花节"。

（二）采用"优质油菜＋轻简化栽培技术"建立栽培实验点

采用"优质油菜＋轻简化栽培技术"建立优质油菜节本增效栽培技术实验点。油菜轻简化栽培技术是相对于传统的栽培技术而言的，是一种作业工序简单、劳资投入较少、省时省力、节约成本、优质高效的栽培技术。主要内容包括：机械化或半机械化栽培技术；利用植物生长调节剂、除草剂等诱导和调节油菜生长发育技术；一年多熟制栽培、免耕少耕栽培及套播套种，缓释肥、菌肥、微肥施用等高效栽培技术；土壤、病虫、矿质营养代谢等快速准确诊断与防治技术；节肥增效、秆壳综合利用、还田等节约资源和保护环境栽培技术等。目前，这项技术已经具有较多的实践积累并已开展相关的研究，主要是免耕（又称板田、板茬）播种与移栽、机械整地播种和机械收获三个方面。

（三）采用"优质油菜＋饲用技术"建立示范区

采用"优质油菜＋饲用技术"建立中小规模家庭农场生态肉牛养殖饲用油菜示范区。2016年9月，贵州省万名农业专家服务"三农"行动走进平原镇坳田村，开展了肉牛养殖和优质油菜饲用技术专题技术培训，惠及该村肉牛养殖大户、家庭农场、专业合作社等人员89人。以平原镇现代山地特色高效农业和生态畜牧业的发展作为线索，结合当前平原镇的畜牧肉牛养殖和山羊养殖以及养猪项目所需饲料，综合利用油菜秸秆以及把玉米秸秆变废为宝。简单来看，就是油菜从幼苗长到秸秆再到榨油后的油粑，功用极多，可谓全身是宝。

（四）原种研究＋示范区

完成亲本整理与繁殖，繁殖亲本原原种 5 千克，原种 100 千克。完成油研 817 制种技术研究，高产制种达 60 千克/亩，规模化种子生产面积 500 亩，生产杂交种 2 万千克。建立油研 817 示范点 5 个，大面积示范 2000 亩；核心示范面积 20 亩，核心区亩产 180—200 千克。总结配套高效栽培技术，探索产业化订单生产模式，完成订单生产面积 5000 亩。示范带动推广面积 25 万亩，销售收入 100 万元，利润 14 万元。

五、农业推广理论的应用及启示

（一）农业创新扩散原理

农业推广实践的一个重要职责是通过有效手段，将农业领域内出现的新成果、新技术、新知识、新信息及时有效传递给农民，并吸引其自愿采取行动，促进农业与农村发展。这个过程就是农业创新扩散。因此，农业创新的采用与扩散是农业推广的一个核心问题。农业创新扩散的一般规律是农业推广的基本规律。

农业创新过程具有阶段性，不同农民采用创新的时间有差异。农业推广工作者在推广创新时，要把握采用过程的阶段性和采用者的差异性这两个基本特点，选用适当的推广方法开展推广活动。

（1）对未曾推广过的创新。假如某项创新在某地区从未采用过，则先要在当地进行适应性实验。实验成功后推广人员首先要通过大众传播手段向农民提供有关创新的信息，帮助农民充分认识、了解创新的特点及优越性，同时要开展巡回访问、同农民交谈、组织参观成果示范，使农民产生兴趣，并注意在农民中发现创新者，帮助创新者评价，鼓励创新者带头实验采用。

（2）对曾经推广过的创新。某项创新在特定地区被部分农民采用，而其他地区农民迟迟不采用创新，使创新停留在某一程度无法再扩散，而且无法进一步扩散的原因并不是农民没有兴趣。在这种情况下，推广人员要了解推广不开的原因，是经营条件问题、技术问题还是支农服务问题。找准问题所在，针对问题的性质，采取个别访问、小组讨论、方法示范等方式，并与其他服务部门积极配合，使这一项技术进一步推广应用。

（二）农业科技成果转化原理

农业科技成果是一个内涵因素丰富的复合体，它既有不同专业领域之分，又有不同职能之分；既有不同学科领域之分，又有不同研究层次之分。界定农业科技成果的定义、属性及分类是研究农业科技成果转化问题的前提。

1.农业科技成果转化定义

农业科技成果转化是指把农业科研单位及大专院校在小范围、限制条件下取得的科研成果，经过中间实验、技术开发、成果示范和宣传推广等一系列活动，使成果应用于实际生产，在生产领域发挥作用，形成生产力并取得社会、经济或生态效益的活动过程。科技成果转化更强调实现成果的产业化和商品化，在我国现实情况下，离开了科技成果转化，农业推广工作就失去基本内涵和根本动力。因此，农技成功转化重点解决的问题是如何使成果达到可推广程度，即解决中间实验、适应性开发实验、生产性实验等问题，关键是要解决资金投入和运行机制问题，也就是科学家、企业家、金融家三者如何配合的问题，这与技术扩散、传播和推广有本质区别。

2.农业科技成果转化是一个系统工程

农业科技成果转化是由农业科技成果的发明者、创新者、经营者、享用者、市场环境（自然环境和社会环境）等多种因素构成一个相互联系、相互作用并具有特定功能的系统和整体。各要素之间按照特定的方式组合而成，要素自身可以组成系统，系统当中的各个环节、各要素之间相互联系、相互制约，其中任何一个要素的性质和行为发生变化，都会影响其他因素甚至使整个农业科技成果转化系统整体的性质和行为发生变化。农业科技成果转化系统有一定的特征、功能和行为。这种特征、功能和行为是一个有机的整体，而不仅仅是各要素之间简单的叠加。

（三）农业推广教育与培训

农业推广教育是以农村社会为范围，以全体农民为对象，以发展生产、繁荣农村经济、促进农民增收为目标而进行的农村社会知识、观念、技术、技能、信息等的传授活动。农业推广教育的根本目的是通过推广教育转变农民观念，提高农民素质，提高技术技能及管理决策能力，改变农民行为，促进实现农村现代化、农业产业化、农民知识化。

1.农业推广教育的特点

从广义上讲，农业推广教育是指对包括青年学生、广大农民、农业推广工作者在内的人所进行的有关的推广培训和教育。而实际上，在推广工作中进行得最多、最主要的则是以整个农村社会为范围，以全体农民为对象，以提高农民素质、改进农业技术、发展农业生产、繁荣农村经济、改善农民生活、促进农村进步为目标而进行的关于传播新知识、新观念、新技能、新信息的教育活动，这是除学校教育之外的狭义的农业推广教育。它是农业教育的一个分支，也是农业推广工作的重要组成部分。与学校教育及其他教育活动相比较，农业推广教育有自己特定的内涵，对此深入认识和认真把握，有利于改善农业推广教育和农业推广工作，促进农业、农村和农民的进步与发展，具有普及性、实用性、实践性、区域性、时效性、灵活性、服务性、专业性、持续性、综合性。

2.农业推广教育的对象

过去农业推广教育仅被认为是对农民进行技术教育的一种形式，其教育对象主要是农民。随着农村经济的发展和产业结构调整，农村社会对素质教育和科学技术教育的需求日益迫切，教育对象范围不断扩大，教育内容更加广泛。因此，现代农业推广教育的主战场是农村，是涉及农业生产、开发及发展的整个农村社会。推广教育的作用在于把现有的人力资源转变成智力资源，通过提高广大农业劳动者的科学文化素质，达到推动农村科技进步、繁荣农村经济的目的。

农业推广教育主要包括：第一，对乡村级干部及其后备干部的推广教育；第二，对乡镇企业经理及其后备管理人员的推广教育；第三，对农村科技人员和后备技术力量的推广教育；第四，对各种专业户、示范户和生产骨干的推广教育；第五，对农村妇女的推广教育。

第二节 威宁县新型职业农民培训推广

一、基本内容

(一) 新型职业农民的概念

新型职业农民，一般是指职业化的现代农民，是一种主动选择的"职业"，而非被动烙印的"身份"。根据农业部《"十三五"全国新型职业农民培育发展规划》，我国试图培育发展的新型职业农民相较于传统意义的农民有几个显著特征：第一，有较高的文化素养。新型职业农民需要掌握一定的现代农业生产知识和社会文化知识，同时应具有学习能力和较宽的知识视野。第二，具有现代农业的经营能力和管理能力。新型职业农民不仅单纯从事农业生产，还需直接面对市场，因此需要能分析判断市场走势，组织利用社会资源等。而且新型职业农民一般是以团队协作的方式运营，因此组织能力、协调能力等也是必须具备的。第三，专门的职业技能。新型职业农民作为自主选择的"职业"，需要具有从事农业的相关技能。

当前，我国正处于由传统农业向现代化农业过渡的阶段，新型职业农民的新特质是应对挑战、顺利转型的关键，培育新型职业农民也是国家发展战略的需要，是解决"谁来种地"和"怎样种好地"的途径，有利于加快我国农业现代化建设，保障城乡一体化的推进，更是全面建成小康社会的重大举措。

总之，培育新型职业农民总体要求是加快构建有文化、懂技术、善经营、会管理的新型职业农民队伍。

（二）威宁县新型职业农民培训的基本内容

此次培训推广地点位于威宁县，属贵州省辖县，位于贵州省内西北部，面积达 6295 平方千米，县政府驻草海镇，常住人口近 130 万人。县境中部开阔平缓，四周低矮，峰壑交错，江河奔流，是"四江之源"。

2013 年，为加快培育新型农业生产经营主体和新型职业农民，提高务农农民生产技能和经营管理水平，充分激发农业生产要素潜能，进一步增强农村发展活力，威宁县根据农村劳动力"阳光工程"培训实施方案的要求，在威宁县中等职业学校开展为期 14 天的威宁县 2013 年阳光工程农民培育培训。

依托该校办学师资和现有设备，培养认定新型职业农民 80 人，进行农机驾驶员培训，经培训合格后，颁发农机驾驶证（G 照）。

新型职业农民培育按人均 3000 元补助标准执行，资金主要用于：学员来回培训点车费，80 元 / 人；教材费，100 元 / 人；生活费，420 元 / 人；住宿费，700 元 / 人；学习用品、档案资料管理费，100 元 / 人；授课费，9600 元 / 班（40 人 / 班）；后续指导费（县农牧局、县阳光办），300 元 / 人；实习考察费，640 元 / 人；招生宣传费，100 元 / 人；班主任管理费，3000 元 / 班；资质认定费，245 元 / 人。

课程内容主要有：阳光工程、新型农民职业素养、农村经济、现代产业结构、安全驾驶、交通法规、农机驾驶、农机维修、农机护理及实习操作等。此次培训共 14 天 112 个课时，其中理论课时 56 节，实操课时 56 节。本次培训培共开设两个班级，1 班上午进行实习操作，下午进行理论课学习；2 班上午进行理论课学习，下午进行实习操作。实操场地为职校新建足球场，用警戒线封锁，禁止教学无关人员进入场地，保护教学设施及学员安全。

二、取得效益

威宁县 2013 年阳光工程农民培育培训属于新型职业农民培育重点工程中的"新型职业农民培育工程"，另两项重点工程是"新型职业农民学历提升工程"和"新型职业农民培育信息化建设工程"。

该培训活动目标在于创造有利于新型职业农民培育和发展的良好环境，造就一支综合素质高、生产经营能力强、主体作用发挥明显的新型职业农民队伍。

通过这次培训，取得的效益包括：使学员了解什么是安全驾驶及预防性驾驶在行车过程中的重要性；认识到转变生产方式在发展生产

现代山地特色农业推广理论与实践

中的重要地位；增强行车前检查的意识，学会简单的农机维护与维修；学会农机驾驶技术，获得农机驾驶证（G 照）。

长期循环执行，预期可以缓解或解决农业培训现存的一些问题。包括：缓解农技培训在农村教育中淡出的趋势；结合农民的学习接受能力，提升劳动力农技能力，提升素养；随着课程的深入开展，丰富了培训班的内容形式；同时，政府的重视和参与也一定程度保障了师资力量和培训经费。

三、技术路线

本次培训是以政府推广机构为主体的推广方式，采用集体指导的方法进行。在准备阶段，制定培训计划、方案、申请、课表、考勤表等。通知各乡镇府呈报培训人员名单和基本资料，每乡镇选报 5 人，由校培训办公室进行统计筛选，最终决定参训名单，接着逐一电话通知参训人员，告知具体事项（培训时间、地点、注意事项等）。在开展培训时，严格按照课表上课，课余时间组织活动，严格考勤。在培训结束时，整理资料，资料成文，培训总结，电话回访，报账，对培训合格者发放农机驾驶证。

四、基本经验

农民渴望获得技能培训、增强劳动技能的意愿是客观存在的。但长期以来因为没有较好的教育途径，这种愿望没有能被激发并转化为生产力。在今后的新型职业农民培训中，乡、镇政府应将培训教育作为工作重点之一，加强领导和组织落实。保障培训工作的经费和设施等配套，使农民切实受益，激发农民的学习热情。

新型职业农民培训工作还需注意同市场需求、产业布局相结合。

226

要根据不同地区的产业布局或市场实际需求，总体本着市场需求什么、农民缺少什么的原则。这样既能让培育的农民真正转变为职业农民，也能兼顾实际情况，避免培训教育工作形式化。

在新型职业农民培训的过程中，应当做到严格管理，形式规范。课程中对老师、学员考勤进行管理并不定期抽查；对优秀学员、教师进行表扬奖励，并对有问题的学员进行批评；同时，为了保障培训质量，务必安排师生交流讨论环节，重点交流在操作和实际生产活动中遇到的问题，保证教育工作的质量。

五、农业推广理论的应用及启示

1. 需要理论

需要是人们在生活实践中感到某种欠缺而力求获得满足的一种心理状态，是个体对生活实践中所需客观事物的反映，或者说，是指人们对某种目标的渴求或欲望。

在此次培训中，启发、诱导、挖掘农民需要，尊重农民的意愿，分析满足需要的可能性、可行性。使此次培训的学员都非常的主动，而不是被动接受学习。

2. 动机理论

动机是为满足某种需要而进行活动的念头和想法。需要是人们采取行为的源泉，动机是开始行动达到目标的内在动力。外来刺激和外部环境是实现行为目标的保证条件。

培训工作需要结合接受培训农民的实际需要，注重农民自身意愿，激发内生动力，让农民通过自身的动力牵引主动接受培训、寻找自身待解决问题，积极主动配合培训工作。

参考文献

[1] Ballal, R., Swanson, B. E., Halkins, H. S.,*Agricultural Extension, Second Edition*, B Iackwell Science, 2013.

[2] Rogers, Everett M., "The Empirical and the Critical Schools of Communication Research", *Annals of the International Communication Association*, 1981, 5.

[3] 孙金霞：《浅谈科学技术对农业种植的影响》，《中国农业信息》2013年第11期。

[4] 蒋泰维：《解决农民增收难是项系统工程》，《浙江经济》2004年第21期。

[5] 温孚江：《农业大数据研究的战略意义与协同机制》，《高等农业教育》2013年第11期。

[6] 许世卫：《农业大数据与农产品监测预警》，《中国农业科技导报》2014年第5期。

[7] 郭承坤、刘延忠、陈英义、孙敏、屠星月：《发展农业大数据的主要问题及主要任务》，《安徽农业科学》2014年第27期。

[8] 谢润梅：《农业大数据的获取与利用》，《安徽农业科学》2015年第30期。

[9] 吴立：《掘金农业大数据》，《农经》2015年第12期。

[10] 李俊清、宋长青、周虎：《农业大数据资产管理面临的挑战与思考》，《大数据》2016年第1期。

[11] 汪琛德、王楠、曹丹星：《农业大数据给商品交易所带来的机遇和挑战》，《大数据》2016年第1期。

[12] 黄献光：《小农经济国家农业结构调整的经验与启示》，《江西农业大学学报》2002年第1期。

[13] 张海波：《发展数字化农业提升大农业层次》，《农场经济管理》2016年第 3 期。

[14] 李志裕、张想、刘海增：《计算机在农业现代化中的应用探讨》，《南方农机》2017 年第 3 期。

[15] 何迪：《大数据背景下农产品质量安全治理模式探讨》，《农家参谋》2017 年第 22 期。

[16] 单玉丽：《台湾农业的信息化管理及启示》，《农业经济问题》2010年第 1 期。

[17] 姚学林、李旭丰、赵宝山：《电子信息化在台湾现代农业中的应用》，《海峡科技与产业》2013 年第 9 期。

[18] 彭志良、赵泽英、陈维榕、王虎、李莉婕：《农业物联网测控系统的开发与应用》，《贵州农业科学》2016 年第 8 期。

[19] 李晓辉、杨洪伟、张芳：《农业院校大学生计算机应用能力教学模式分析》，《沈阳农业大学学报（社会科学版）》2011 年第 6 期。

[20] 翟杰全：《科学传播学》，《科学学研究》1986 年第 3 期。

[21] 郭炜华：《从 Alexa 数据看电视台网站建设——以央视网、凤凰网和金鹰网为例》，《电视研究》2009 年第 6 期。

[22] 王希贤：《台湾农业推广的演变》，《中国农史》1987 年第 2 期。

[23] 赵晓春编：《农业传播学》，中国传媒大学出版社 2005 年版。

[24] 王利：《充分发挥农业期刊在农业科技推广中的传播作用》，《内蒙古农业科技》2008 年第 2 期。

[25] 蒋建科、谭英、陈宏：《论媒体传播对农业科技推广的影响》，《西北农林科技大学学报（社会科学版）》2005 年第 3 期。

[26] 陈卓、陈明：《我国农业科技传播的现状分析与对策》，《农村经济与科技》2009 年第 3 期。

[27] 陈蕊：《建立以农民为中心的现代农业科技传播体系》，《合作经济与科技》2010 年第 23 期。

[28] 郭剑霞：《实现新型农业科技推广方式：大众媒体传播的出路与对策——湖北省监利县南脯乡河湾村个案调查的结论与思考》，《农业科技管理》2002 年第 3 期。

[29] 王强、曾小红：《新媒介在我国农业科技传播中的应用研究》，《热

带农业科学》2010 年第 2 期。

[30] 刘冲、李杰：《网络媒体突发公共卫生事件报道的新闻框架特色——以新浪网对 H7N9 报道为例》，《新闻世界》2013 年第 7 期。

[31] 王希贤：《试论旧中国"乡村建设实验"的实质》，《南京农业大学学报》1982 年第 2 期。

[32] 牟大鹏：《农业产业组织创新的经济学思考——"公司＋基地＋农户"生产经营模式初探》，吉林大学硕士学位论文，2004 年。

[33] 高波：《河南省中药农业发展现状及目标》，《河南农业》2013 年第 1 期。

[34] 张藕香、姜长云：《比较优势视野的农民专业合作社组织创新路径》，《改革》2014 年第 10 期。

[35] 黄祖辉：《现代农业经营体系建构与制度创新——兼论以农民合作组织为核心的现代农业经营体系与制度建构》，《经济与管理评论》2013 年第 6 期。

[36] 夏学文：《农民合作经济组织在农业现代化进程中的作用》，《经济研究导刊》2008 年第 4 期。

[37] 李明贤、樊英：《新型农业经营主体的功能定位及整合研究》，《湖南财政经济学院学报》2014 年第 3 期。

[38] 刘佳、张荣亭、张秀兰、封文杰、刘延忠、赵佳：《国内主要农业科技信息服务模式比较研究》，《农业技术经济》2012 年第 6 期。

[39] 陶忠良：《浙江农民信箱农业信息服务模式发展分析》，《浙江农业科学》2014 年第 7 期。

[40] 冯芷艳、郭迅华、曾大军、陈煜波、陈国青：《大数据背景下商务管理研究若干前沿课题》，《管理科学学报》2013 年第 1 期。

[41] 黄娴、陈媛媛：《贵州：大数据产业风生水起》，《当代党员》2018 年第 2 期。

[42] 蒋宏：《新媒体传播技术发展趋势研究》，《上海交通大学学报（哲学社会科学版）》2008 年第 6 期。

[43] 刘涛：《新媒体在科技传播中的作用探究》，《东方企业文化》2010 年第 6 期。

[44] 宗禾：《当前农技推广体系建设几个问题的思考》，《农业科技与信息》

1999 年第 10 期。

[45] 张萍：《中国农业推广体系改革研究》，沈阳农业大学博士学位论文，2003 年。

[46] 郭江平：《构建市场主导型的农业科技推广体制》，《科技进步与对策》2004 年第 7 期。

[47] 李凤艳、张力成：《新中国 70 年农民合作社发展进程探究》，《辽宁省社会主义学院学报》2019 年第 3 期。

[48] 马卫东、戚传勇、王良吉、张成、高智谋：《新时期农业推广的内涵及其与农业现代化的关系》，《河北农业科学》2008 年第 3 期。

[49] 刘玉花、王德海：《国外农村发展传播的历史、现状与启示》，《世界农业》2008 年第 1 期。

[50] NielsRoling, *Exrension Science——Imformation Systems in Agicultural Development,* NewYork, New Rochelle, 1988.

[51] HouZhenting、TongJinying、ShiDinghua,"Markov Chain-Based Analysis of The Degree Distribution For A Growing Network", *Acta Mathematica Scientia*, 2011,（1）.

[52] 郭君、赵迪、李贺：《我国农业推广研究综述》，《中国渔业经济》2014 年第 4 期。

责任编辑：高晓璐

封面设计：徐　晖

图书在版编目（CIP）数据

现代山地特色农业推广理论与实践／伍国勇 著 . —— 北京：人民出版社，
　2022.10

ISBN 978 - 7 - 01 - 024476 - 1

I. ①现…　 II. ①伍…　 III. ①山地 - 农业科技推广 - 研究

　IV. ① S3-33

中国版本图书馆 CIP 数据核字（2022）第 013450 号

现代山地特色农业推广理论与实践

XIANDAI SHANDI TESE NONGYE TUIGUANG LILUN YU SHIJIAN

伍国勇　著

人民出版社 出版发行

（100706　北京市东城区隆福寺街 99 号）

中煤（北京）印务有限公司印刷　新华书店经销

2022 年 10 月第 1 版　2022 年 10 月北京第 1 次印刷
开本：710 毫米 ×1000 毫米 1/16　印张：14.75
字数：226 千字

ISBN 978 - 7 - 01 - 024476 - 1　定价：52.00 元

邮购地址 100706　北京市东城区隆福寺街 99 号
人民东方图书销售中心　电话（010）65250042　65289539